智云科技◎编著

After Effects CC
特效设计与制作（第2版）

U0214148

清华大学出版社

北京

内 容 简 介

本书是介绍After Effects CC视频图像处理功能的工具书，可分为四个部分，共12章，主要内容包括
After Effects CC快速入门、走进二维动画的世界、文本动画与笔画的应用、遮罩与键控的应用、三维空间
的应用、常用滤镜的特效、色彩校正与图像处理、超级粒子特效技术、表达式的应用、添加与编辑音频
特效、影片的渲染与输出、实战综合案例应用等。通过对本书的学习，可轻松掌握After Effects CC软件的
使用方法，更能应对后期制作、视频剪辑以及视频拍摄等工作。

本书定位于刚接触After Effects CC软件的新手以及After Effects CC初、中级用户。既适用于从事后期
制作、视频剪辑以及视频拍摄等工作的从业人员，也适用于After Effects CC完全自学者、各类社会培训学
员，也可作为各大中专院校的教材用书。

图书在版编目(CIP)数据

After Effects CC 特效设计与制作 / 智云科技编著 . —2 版 . —北京：清华大学出版社，2020.1（2024.7 重印
ISBN 978-7-302-53758-8

Ⅰ．① A… Ⅱ．①智… Ⅲ．①图象处理软件 Ⅳ．① TP391.413

中国版本图书馆CIP数据核字(2019)第195727号

责任编辑：李玉萍
封面设计：陈国风
责任校对：张彦彬
责任印制：宋 林
出版发行：清华大学出版社
    网 址：https://www.tup.com.cn, https://www.wqxuetang.com
    地 址：北京清华大学学研大厦A座   邮 编：100084
    社 总 机：010-83470000   邮 购：010-62786544
    投稿与读者服务：010-62776969，c-service@tup.tsinghua.edu.cn
    质 量 反 馈：010-62772015，zhiliang@tup.tsinghua.edu.cn
印 装 者：涿州汇美亿浓印刷有限公司
经 销：全国新华书店
开 本：190mm×260mm 印 张：21.75 字 数：348千字
版 次：2016年11月第1版 2020年1月第2版 印 次：2024年7月第4次印刷
定 价：88.00元

产品编号：079762-01

PREFACE 前言

本书编写缘由

在现代化飞速发展的时代，由于人们对视觉效果的要求越来越高，因此有必要掌握视频后期处理技术。

为此，特别编写了这本清晰、简洁、实用的After Effects视频图像后期效果处理工具书，该书力求用简练的语言，生动的案例，快速普及After Effects软件的使用技巧。

本书内容

本书共分为12章，将从After Effects的基本操作、常用功能、音频的应用与合成输出以及综合案例4个方面向初学者传递知识与技能。各部分的具体内容如下。

部　　分	包含章节	包含内容
基础操作	第1~3章	主要包括After Effects CC快速入门、二维动画和文本动画与画笔的应用。
常用功能	第4~9章	主要包括遮罩与键控的应用、三维空间的应用、常用滤镜特效、色彩校正与图像处理、超级粒子特效技术和表达式的应用。
音频使用与合成输出	第10~11章	主要添加与编辑音频特效和影片的渲染与输出。
综合案例	第12章	主要包括季节变换效果、雨中古亭景象、超级粒子烟花3个经典案例，综合运用前11章所讲知识，从操作技能和技巧上帮助用户快速吸收与掌握，做到举一反三。

怎么学习

内容上——实用为先，示例丰富

本书在内容上注重3个"最"——内容最实用，操作最简洁，案例最典型。理论部分的文字精练且通俗。添加了知识延伸版块，以提高阅读面和学习效率。

结构上——布局科学，快速上手

本书在每章节前面都设置了知识级别、知识难度、学习时长、学习目标、主要内容和效果预览，使阅读一目了然，提高学习效率。采用"理论知识+知识演练"的结构，实用性强，上手快。

表达上——通栏排版，图解指向

本书采用通栏排版方式，所有内容均配有图片，采用图文对照+标注指向的方式，可进行对照学习。

读者对象

本书主要定位于任何年龄阶段的初、中级用户，特别适合刚接触After Effects CC软件的新手。也可作为各大、中专院校及各类平面设计培训班的入门教材。由于编者水平有限，书中难免存有疏漏，恳请不吝赐教。本书赠送的视频、课件等资源均以二维码形式提供，读者可以使用手机扫描右侧的二维码下载并观看。

编 者

CONTENTS 目录

第 1 章　After Effects CC快速入门

1.1　After Effects CC简介 …………2

　1.1.1　After Effects CC的应用领域 …… 3

　1.1.2　After Effects CC的部分
　　　　 新增功能 ……………… 4

　1.1.3　After Effects CC的软硬件
　　　　 环境要求 ……………… 5

1.2　After Effects CC的工作界面 ………6

　1.2.1　认识工作区界面 …………… 7

　1.2.2　"项目"面板简介 …………… 9

　1.2.3　"时间轴"面板简介 ………… 10

　1.2.4　"合成"面板简介 …………… 11

　1.2.5　其他常用面板介绍 ………… 11

　1.2.6　常用快捷键 …………… 14

　1.2.7　项目与首选项的设置 ………… 15

1.3　After Effects CC的基础操作 …… 16

　1.3.1　After Effects菜单简介 ………… 17

　1.3.2　项目合成的创建与设置 ………… 17

　1.3.3　导入图片素材 …………… 20

　1.3.4　导入动态序列图片素材 ………… 21

　1.3.5　导入带透明信息的素材 ………… 24

　1.3.6　导入音视频素材 …………… 25

　1.3.7　导入分层素材 …………… 27

　1.3.8　修改素材的像素比 ………… 30

　1.3.9　素材的整理与删除 ………… 31

第 2 章　走进二维动画世界

2.1　认识与操作图层 ………… 34

　2.1.1　认识图层 …………… 35

　2.1.2　图层的选择 …………… 35

　2.1.3　排列图层顺序 …………… 37

　2.1.4　图层的复制粘贴 …………… 38

　2.1.5　图层的分割与重命名 ………… 40

　2.1.6　图层的混合模式 …………… 41

　2.1.7　图层的类型 …………… 42

　2.1.8　图层的栏目属性 …………… 44

2.2　关键帧基础动画 ………… 48

　2.2.1　认识关键帧 …………… 49

　2.2.2　关键帧的生成 …………… 49

　2.2.3　选择和移动关键帧 ………… 52

　2.2.4　复制和粘贴关键帧 ………… 53

　2.2.5　变换动画关键帧 …………… 53

　2.2.6　编辑动画关键帧 …………… 54

2.3　关键帧高级动画 ………… 58

　2.3.1　编辑素材的出入点 ………… 59

　2.3.2　素材的速度控制 …………… 60

　2.3.3　素材的倒放 …………… 61

　2.3.4　时间重映射 …………… 62

　2.3.5　静止关键帧 …………… 63

2.4　运动跟踪与稳定 ………… 67

2.4.1 认识运动跟踪 ·············· 68

2.4.2 位置跟踪的应用 ·············· 69

2.4.3 跟踪的综合应用 ·············· 72

2.4.4 运动稳定器的应用 ·············· 74

2.4.5 平滑器的应用 ·············· 75

2.4.6 摇摆器的应用 ·············· 77

第3章 文本动画与画笔的应用

3.1 文本层基本操作 ·············· 80

3.1.1 文本的创建方式 ·············· 81

3.1.2 输入段文本与范围框调整 ········ 82

3.1.3 文本的编辑 ·············· 83

3.1.4 段落文字对齐 ·············· 85

3.2 文本的动画操作 ·············· 86

3.2.1 常规文本动画制作 ·············· 87

3.2.2 文本路径动画制作 ·············· 92

3.2.3 使用文本动画预设 ·············· 94

3.2.4 综合文本动画制作 ·············· 95

3.3 绘画面板的基本应用 ·············· 97

3.3.1 认识绘画面板及其选项 ·········· 98

3.3.2 使用画笔工具及画笔属性设置 ··· 99

3.3.3 动画画笔笔触的应用 ·············· 100

3.3.4 仿制图章工具的使用 ·············· 102

第4章 遮罩与键控的应用

4.1 遮罩的简单操作 ·············· 104

4.1.1 用简单方式创建遮罩 ·············· 105

4.1.2 设置遮罩的属性 ·············· 106

4.1.3 复合遮罩的应用 ·············· 107

4.1.4 反转遮罩的应用 ·············· 108

4.2 遮罩的进阶操作 ·············· 109

4.2.1 绘制复杂遮罩 ·············· 110

4.2.2 在不同图层间复制遮罩 ·············· 111

4.2.3 使用通道转换为遮罩 ·············· 112

4.2.4 制作遮罩的动画效果 ·············· 113

4.2.5 轨道蒙版的使用 ·············· 113

4.3 认识并掌握键控 ·············· 115

4.3.1 颜色差值键控 ·············· 116

4.3.2 高级溢出抑制器 ·············· 117

4.3.3 颜色范围键控 ·············· 118

4.3.4 提取键控 ·············· 120

4.3.5 差值遮罩键控 ·············· 121

4.3.6 内部/外部键控 ·············· 122

4.3.7 Keylight高级抠像的使用 ······ 123

第5章 三维空间的应用

5.1 三维图层的基本操作 ·············· 126

5.1.1 定义图层的三维属性 ·············· 127

5.1.2 三维图层的位移与旋转 ·············· 128

5.1.3 三维图层锚点的应用 ·············· 130

5.1.4 设置三维图层的视图 ·············· 131

5.2 摄像机的基本操作 ·············· 133

5.2.1 创建与调整摄像机 ·············· 134

5.2.2 设置摄像机动画 ·············· 137

5.2.3 多个摄像机的使用 ·············· 138

5.3 三维场景中的灯光 ·············· 140

5.3.1 创建灯光 ·············· 141

5.3.2 设置灯光和图层的投影 ·············· 143

5.3.3 制作灯光的效果动画 ·············· 146

第6章 常用滤镜特效

6.1 使用和控制内置效果 ·············· 148

6.1.1 效果的应用 ·············· 149

6.1.2 临时关闭效果 ·············· 149

6.1.3 删除效果 ·············· 150

6.2 模糊与锐化滤镜 ·············· 153

6.2.1 双向模糊 ·············· 154

6.2.2 方框模糊 ···················· 154

6.2.3 通道模糊 ···················· 155

6.2.4 复合模糊 ···················· 156

6.2.5 摄像机镜头模糊 ·········· 157

6.2.6 高斯模糊 ···················· 158

6.2.7 定向模糊 ···················· 158

6.2.8 径向模糊 ···················· 159

6.2.9 智能模糊 ···················· 160

6.2.10 锐化 ························· 160

6.2.11 钝化蒙版 ·················· 161

6.3 过渡滤镜 ···················· **164**

6.3.1 块溶解 ······················ 165

6.3.2 卡片擦除 ···················· 165

6.3.3 渐变擦除 ···················· 167

6.3.4 光圈擦除 ···················· 168

6.3.5 线性擦除 ···················· 168

6.3.6 径向擦除 ···················· 169

6.3.7 百叶窗 ······················ 170

6.4 风格化滤镜 ················· **173**

6.4.1 画笔描边 ···················· 174

6.4.2 卡通 ························· 174

6.4.3 浮雕 ························· 175

6.4.4 查找边缘 ···················· 176

6.4.5 发光 ························· 177

6.4.6 马赛克 ······················ 178

6.4.7 纹理化 ······················ 178

6.4.8 CC Kaleida（万花筒）········ 179

6.5 模拟滤镜 ···················· **183**

6.5.1 卡片动画 ···················· 184

6.5.2 焦散 ························· 185

6.5.3 泡沫 ························· 186

6.5.4 波形环境 ···················· 187

6.5.5 CC Rainfall ················ 189

6.6 透视滤镜 ···················· **192**

6.6.1 3D眼镜 ····················· 193

6.6.2 斜面 Alpha ················ 193

6.6.3 边缘斜面 ···················· 194

6.6.4 投影 ························· 195

6.6.5 CC Sphere ················· 196

第 7 章 色彩校正与图像处理

7.1 常用颜色修正滤镜 ·········· **200**

7.1.1 色阶特效 ···················· 201

7.1.2 曲线特效 ···················· 202

7.1.3 曝光度特效 ················· 204

7.1.4 色相/饱和度特效 ·········· 204

7.1.5 色光特效 ···················· 207

7.1.6 通道混合器特效 ·········· 209

7.1.7 更改颜色与更改为颜色特效 ··· 210

7.1.8 灰度系数/基值/增益特效 ····· 213

7.1.9 照片滤镜特效与阴影/
高光特效 ···················· 214

7.1.10 色调与三色调特效 ······· 218

7.2 常用图像处理 ················ **220**

7.2.1 常规素材校色 ············· 221

7.2.2 素材的降噪 ················· 222

第 8 章 超级粒子特效技术

8.1 粒子运动场 ················· **226**

8.1.1 粒子运动场的控制 ········· 227

8.1.2 粒子形状的控制 ·········· 230

8.1.3 粒子行为的控制 ·········· 231

8.2 破碎效果 ···················· **237**

8.2.1 认识破碎效果 ············· 238

8.2.2 破碎效果的控制 ·········· 238

8.2.3 三维破碎效果的应用 ········· 244

8.3 其他粒子插件 ················ **247**

8.3.1 了解Trapcode Particular
插件 ·········· 248

8.3.2 CC Particle World 插件的
介绍与应用 ········· 248

第 9 章 表达式的应用

9.1 表达式的创建与修改 ·········· 254

9.1.1 认识并添加表达式 ·········· 255

9.1.2 用关联器创建关联 ·········· 256

9.1.3 修改关联器 ·········· 258

9.1.4 表达式的语法 ·········· 259

9.2 表达式的其他应用 ·········· 265

9.2.1 表达式与文本和效果的关联 ··· 266

9.2.2 表达式的关闭 ·········· 267

9.2.3 JavaScript的表达式库 ········ 268

第 10 章 添加与编辑音频特效

10.1 在After Effects中使用音频 ··· 274

10.1.1 音频没有声音的解决方法 ·· 275

10.1.2 了解音频效果 ·········· 276

10.1.3 将音频添加到视频中 ········ 276

10.2 常用音频特效 ·········· 278

10.2.1 倒放特效 ·········· 279

10.2.2 低音与高音特效 ·········· 280

10.2.3 延迟特效 ·········· 281

10.2.4 变调与合声特效 ·········· 283

10.2.5 高通/低通特效 ·········· 284

10.2.6 调制器特效 ·········· 286

10.2.7 参数均衡特效 ·········· 287

10.2.8 混响特效 ·········· 289

10.2.9 立体声混合器特效 ·········· 291

10.2.10 音调特效 ·········· 292

10.2.11 音频频谱特效 ·········· 294

10.2.12 音频波形特效 ·········· 295

第 11 章 影片的渲染与输出

11.1 渲染输出的基础知识 ·········· 300

11.1.1 压缩与解压缩 ·········· 301

11.1.2 输出影片的操作 ·········· 301

11.1.3 了解影片的输出格式 ········ 302

11.2 渲染属性设置与应用 ·········· 304

11.2.1 渲染的设置 ·········· 305

11.2.2 输出模式的设置 ·········· 306

11.2.3 渲染音频 ·········· 308

11.2.4 查看合成的Alpha通道 ········ 309

11.2.5 输出Flash文件 ·········· 310

11.2.6 自定义渲染模板设置 ········ 312

11.3 多种格式渲染和
单帧图像渲染 ·········· 314

11.3.1 渲染一个任务为
多种格式的方法 ·········· 315

11.3.2 输出单帧图像 ·········· 316

第 12 章 实战综合案例应用

12.1 制作冬去春来季节变换效果 ··· 318

12.1.1 建立合成导入素材 ·········· 319

12.1.2 制作文字效果 ·········· 319

12.1.3 过渡效果制作 ·········· 321

12.1.4 合成变换效果 ·········· 323

12.2 制作下雨天的古亭效果 ········ 325

12.2.1 导入素材制作背景 ·········· 326

12.2.2 雨和闪电效果的制作 ········ 327

12.2.3 合成古亭下雨效果 ·········· 329

12.3 制作城市烟花绽放效果 ········ 331

12.3.1 利用粒子发射器制作
爆炸效果 ·········· 332

12.3.2 制作烟花轨迹 ·········· 334

12.3.3 合成烟花绽放效果 ·········· 338

第1章

After Effects CC
快速入门

学习目标

　　After Effects CC是一款优秀的视频合成编辑软件，初学者首先需要了解After Effects的工作区和基本操作。本章详细介绍该软件的工作界面和常用基本操作。

本章要点

◆ After Effects CC的应用领域
◆ After Effects CC的部分新增功能
◆ 认识工作区界面
◆ 项目合成的创建与设置
◆ 素材的整理与删除
......

LESSON 1.1 After Effects CC简介

知识级别

■初级入门 | □中级提高 | □高级拓展

知识难度 ★

学习时长 60 分钟

学习目标

① 了解不同应用领域和新增功能。
② 了解该软件的运行环境。

※主要内容※

内　容	难度	内　容	难度
After Effects CC的应用领域	★	After Effects CC的部分新增功能	★
After Effects CC的软硬件环境要求	★		

效果预览 > > >

1.1.1 After Effects CC的应用领域

After Effects（有时可将其简称为AE）的合成功能非常强大，因此被应用于多个领域，包括影视制作、商业广告、DV编辑、网格动画等。比较典型的有下面3个领域。

❶.电视包装

电视剧、影视和游戏的片头以及广告等，都包含有合成技术，这些都需要用AE完成，如图1-1所示。

❷.宣传片包装

企业形象宣传片和发布会短片中用于营造气氛的开场动画、创意视频、暖场视频，以及流行的MG扁平动画等都是由AE来完成的，如图1-2所示。

图1-1

图1-2

❸.婚庆及其他庆典活动

婚礼现场LED播放的背景视频、DV全程跟拍视频以及电子相册所需要的后期剪辑、后期特效等，也需要用到After Effects，如图1-3所示。

图1-3

1.1.2 After Effects CC的部分新增功能

比起早期的版本,After Effects CC不仅在执行性能上有了改变,最重要的是在功能上有了提高,这些新增功能可更加快速、方便地制作或编辑出需要的合成效果。下面来看一下有哪些实用的新功能。

❶ 与CINEMA 4D 整合

CINEMA 4D的字面意思为4D电影,但其本身还是以3D的形式表现。它是一套由德国公司Maxon Computer开发的3D绘图软件,以超高的运算速度和强大的渲染插件著称。它可以与Adobe After Effects CC整合使用,即在After Effects中可以创建CINEMA 4D文件,而将基于CINEMA 4D文件的图层添加到合成后,可在CINEMA 4D中对其进行修改和保存,并将结果实时显示到After Effects中。通程图像可通过实时渲染与CINEMA 4D文件连接,无须使用中间文件,如图1-4所示。

图1-4

❷ 图层的双立方采样

After Effects CC 引入了素材图层的双立方采样,可对缩放之类的变换选择双立方或双线性采样。指定的采样算法可应用于将品质设置为"最佳"的图层,如图1-5所示。

图1-5

❸ **同步设置**

After Effects CC现在支持用户配置文件以及通过 Adobe Creative Cloud 使首选项同步。利用新的"同步设置"功能，可将应用程序首选项同步到 Creative Cloud。

❹ **可用性增强**

可用性增强主要表现在以下四个方面：

第一，可在"合成"面板中对齐图层。最接近鼠标指针的图层特性将用于对齐。对于3D图层，还包括表面的中心或3D体积的中心。目标图层将被突出显示，并显示出对齐点。与以往版本不同的是，新增的对齐功能在拖动时锚点会自动捕捉对齐位置，如图1-6所示。

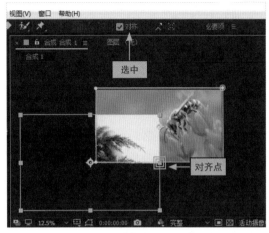

图1-6

第二，自动重新加载素材。从其他应用程序切换到AE时，已经在磁盘上更改的素材将被重新自动加载到AE中。

第三，图层打开首选项。在After Effects CC中，提供了新的首选项，用来指定如何在双击图层时打开图层，选择"编辑/首选项/常规"命令，在打开的对话框中指定双击打开图层下面的选项即可。

第四，清理RAM和磁盘缓存。在After Effects CC中，选择"编辑/清理/所有内存和磁盘缓存"命令即可。

1.1.3 | After Effects CC的软硬件环境要求

After Effects 在CS5以后的版本不再支持32位系统，只支持64位系统，所以CC版本必须要求64位操作系统。After Effects CC运行的最低硬件配置见表1-1。

表1-1

操作系统	CPU	内 存	显 卡	硬 盘
64位Windows或64位MAC苹果操作系统	双核CPU并要求支持64位运算（推荐4核）	至少4GB（推荐8GB）	显存512MB及以上，位宽128MB及以上，支持OpenGL2.0，Direct10（推荐支持GPU加速）	SATA或IDE硬盘至少预留5GB及以上空间

LESSON 1.2 After Effects CC的工作界面

知识级别

■初级入门 | □中级提高 | □高级拓展

知识难度 ★★

学习时长 60分钟

学习目标

① 了解工作区各界面的布局和作用。
② 了解各界面常用快捷键和预设。

※主要内容※

内　容	难　度	内　容	难　度
认识工作区界面	★	项目面板简介	★
时间轴面板简介	★★	合成窗口面板简介	★★
其他常用面板简介	★	常用快捷键	★
项目与首选项的设置	★		

效果预览 > > >

1.2.1 认识工作区界面

要了解和使用After Effects CC，必须先熟悉其工作区、窗口布局、菜单栏等。After Effects CC把编辑功能组织到了一个专门的窗口中，可进行自定义编制，根据自己的需要和喜好任意排列各窗口和面板，标准状态下工作区的名称和作用，如图1-7和表1-2所示。

图1-7

表1-2

名称部分	作　用
标题栏	用于显示正在编辑的项目名称
菜单栏	包含了After Effects中的所有菜单命令
工具栏	包含了在软件中合成和编辑项目时的所有工具，例如选择、旋转、钢笔等
项目面板	用于输入、组织和存储素材，同时列出了项目中的所有源素材
合成窗口面板	用于预览或者播放编辑的节目内容
时间轴面板	用于控制各种素材之间的时间关系
信息面板	提供了素材、过渡和所选区域的有关信息，或用户正在执行的操作信息

续表

名称部分	作　用
音频面板	用于编辑合成中的音频素材
预览面板	用于播放整个项目，也可以选择具体的帧播放
效果和预设面板	包含了各种音频、视频效果，还有内置的各种预置

除标准工作区布局外，还可根据需要改变布局，选择"窗口"→"工作区"命令，在弹出的子菜单中列出了12种工作区的布局类型，如图1-8所示。

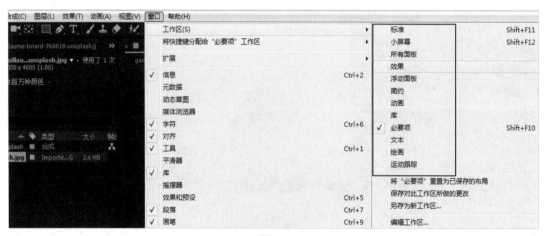

图1-8

如果在子菜单中选择"所有面板"命令后，可以看到在工作区右下方显示出很多面板，如图1-9所示。在制作中处理素材时，主要会用到项目面板、合成窗口面板和时间轴面板。运动跟踪这类面板属于高级运用，将在后面的章节中介绍。

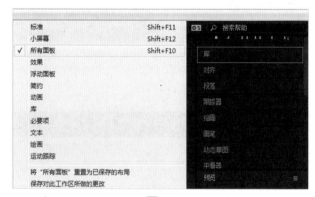

图1-9

知识延伸 | 另存为工作区界面

把设置好的工作区界面另存为后，就可在"窗口"下拉菜单中选择"将快捷键分配给'所有面板'工作区"命令，在弹出的子菜单中选择"Shift+F11"命令，即可把保存好的工作区快捷布局替换成新的工作区界面，如图1-10所示。

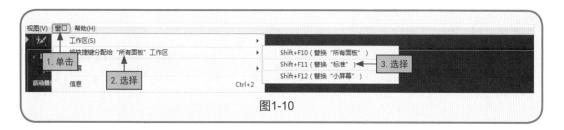

图1-10

1.2.2 "项目"面板简介

"项目"面板是输入、组织和存储素材的地方，可以用来查看和添加项目中所有素材的信息，它列出添加到项目中的所有源素材，即使在项目中用不到的素材也会被列出来，如图1-11所示。

"项目"面板大小可自由调节，也可单击"项目"面板的 ▤ 按钮，在弹出的下拉菜单中对其进行设置，如图1-12所示。

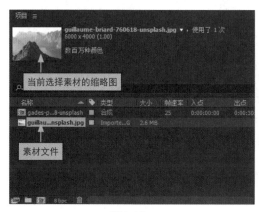

图1-11

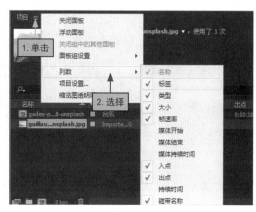

图1-12

在"项目"面板底部有4个按钮，单击"新建文件夹"按钮可创建一个新的文件夹，如果在新建文件夹或添加素材后，想要删除，可以将其选中后单击"删除"按钮，也可按Delete键或直接将其拖曳到"删除"按钮上进行删除，如图1-13、图1-14所示。

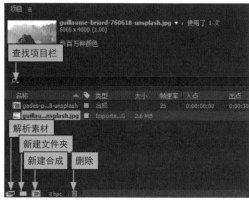

图1-13

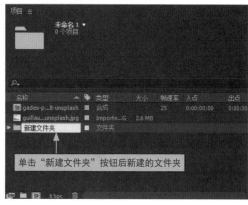

图1-14

知识延伸|After Effects的

"项目"面板中的文件名用于标识添加到项目中的文件，每个文件名后面的图标表明了文件类型。视频和音频文件通常很大，把每个素材都复制到项目中会浪费很多磁盘空间，因此After Effects项目只存储添加素材时的参考副本，而非素材本身。简单来说，对于一个1GB的素材来说，不管是在1个项目中使用，还是在10个项目中使用，它只占用1GB的硬盘空间。

1.2.3 "时间轴"面板简介

"时间轴"面板也有称为"时间线面板"可汇集和编辑视频素材。当启动一个新项目时，"时间轴"面板是空的，以水平方式显示时间，在时间上显示得早的素材靠左边排列，如图1-15所示。各部分名称与相关作用见表1-3。

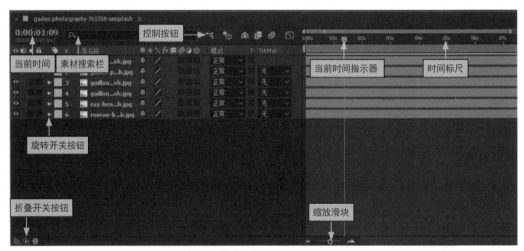

图1-15

表1-3

名称部分	作　用
当前时间	用于提示工作区域的位置
素材搜索栏	用于搜索并显示面板中所用到的素材
控制按钮	用于控制关键帧动画的效果和素材显示
当前时间指示器	显示当前所指帧位置的时间
时间标尺	用于显示当前合成的总时间长度
旋转开关按钮	单击开关可以展开或者折叠显示所用素材
折叠开关按钮	用于展开和折叠面板中控制素材效果和模式的选项
缩放滑块	用于缩放时间标尺区域的大小

与"时间轴"面板并存的另一个面板是渲染队列面板，在默认设置下渲染面板不显示，而要在输出影片时才会用到并显示。

1.2.4 "合成"面板简介

"合成"面板是对作品进行预览的地方。在创建或打开一个项目合成之后，"合成"面板才会显示内容，如图1-16所示。单击窗口中的 ☰ 按钮，弹出下拉菜单，各选项名称及作用见表1-4。

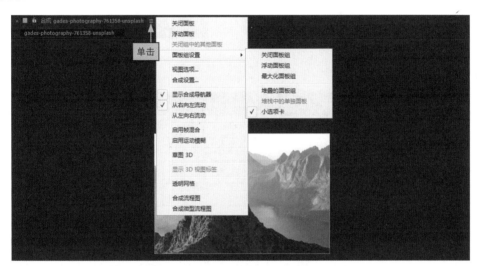

图1-16

表1-4

名　称	作　用
关闭面板	将当前的一个面板关闭显示（也可关闭面板组）
浮动面板	将当前面板的一体状态解除，变成浮动面板（也可使一组面板浮动）
视图选项	显示图层的效果控件，如蒙版、调节手柄和运动路径等
合成设置	与选择菜单"合成"命令所打开的对话框相同
启用帧混合	打开合成中视频的帧融合开关
启用运动模糊	打开合成中运动画面的运动模糊开关
草稿3D	以草稿形式显示3D图层，这样可忽略灯光和阴影，从而加快合成预览时的渲染显示
透明网格	取消背景色的显示，以透明网格的方式来显示背景，有助于查看有透明背景的图像

1.2.5 其他常用面板介绍

After Effects CC提供了几个面板用于显示信息或帮助用户修改素材。在默认设置下，只有几个面板是打开的，其他则需要手动打开、关闭、分离和组合。下面介绍这几个比较常用的面板。

1. "信息"面板

"信息"面板是一个独立面板，默认设置下为空白显示。如果在合成窗口中放入一个素材，"信息"面板中将显示所选素材的信息。"信息"面板提供了素材颜色、Alpha（阿尔法）透明度和坐标信息，如图1-17所示。参数名称及作用见表1-5。

图1-17

表1-5

参数名称	作　用	参数名称	作　用
RGBA	所指向色彩RGB和Alpha通道值	XY	鼠标光标所指处的XY坐标值
自动颜色显示	常用的色彩显示方式	百分比	百分比色彩显示方式
Web	Web网页色彩显示方式	HSB	HSB色彩显示方式
8/10/16-bpc	3种不同位宽色彩显示方式		

2. "音频"面板

在默认设置下，"音频"面板和"信息"面板是在一起的，可通过拖曳的方式把"音频"面板放到单独的窗口中，如图1-18所示，选项名称与作用见表1-6。

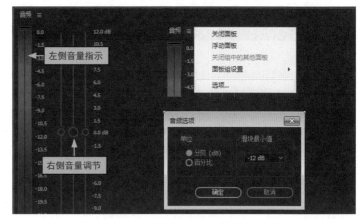

图1-18

表1-6

名称	作　用
左侧音量指示	在播放时指示左右声道的音量高低，按小键盘0可预览
右侧音量调节	有3个调节滑块，左侧滑块调节左声道音量，右侧滑块调节右声道音量，中间滑块可以同时调节左右两个声道的音量
单位	可以在其下选择音量的单位
分贝	选择分贝作为音量的单位

续表

名称	作　用
百分比	选择百分比作为音量的单位
滑动最小值	调节音量的滑块所能调节到的最小值

❸. "预览"面板

　　"预览"面板用来把创建的合成转换为运动图像进行预览，可播放整个项目，也可选择播放具体的帧，如图1-19所示，各选项名称及作用见表1-7。

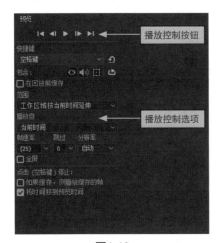

图1-19

表1-7

选项名称	作　用
播放控制按钮（从左至右）	首帧、前一帧、播放/暂停、后一帧、末帧
包含	显示或取消预览的画面、音频和图层控件等
范围	播放的时间范围是选定工作区还是全部时间
播放自	播放的时间是从首帧还是当前所指向帧开始
帧速率	以每秒多少帧的速度进行播放
跳过	在实时播放时有多少帧被跳过
分辨率	播放时画面的清晰度
点击（空格键）停止	选择停止后播放缓存帧和将帧移动到预览处

❹. "效果和预设"面板

　　在默认设置下，"效果和预设"面板位于"信息"面板和"音频"面板的下方，在此面板中含有视频效果组和音频效果组，用于为视频和音频添加各种特殊效果。在After Effects CC工作区中，将预设效果拖曳到合成窗口的视频中，此时会打开效果控制面板，用于控制所应用的"效果和预设"面板，如图1-20所示。

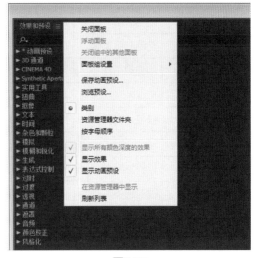

图1-20

1.2.6 常用快捷键

在绘画、制作遮罩、设置文本时通常会用到工具栏中的工具，这些工具可通过使用键盘上的快捷键进行快速访问，如图1-21所示，快捷键名称和功能见表1-8。

图1-21

表1-8

序号	快捷键	工具名称	功　能
1	V	选取工具	用于选择一个或多个素材
2	H	手形工具	用来移动合成窗口中的素材位置，让节目在不同位置上显示
3	Z	缩放工具	用来放大或缩小合成窗口的素材
4	W	旋转工具	用来旋转合成窗口的素材
5	C	统一摄像机工具	用来拉伸、移动摄像机视图
6	Y	向后平移工具	也称为锚点工具，用来改变后层素材的位置
7	Q	矩形工具	用来创建矩形遮罩，按住鼠标不放可打开隐藏按钮，用于创建椭圆形遮罩
8	G	钢笔工具	用来绘制和调整各种路径
9	Ctrl+T	横排文字工具	用来创建各种文本内容
10	Ctrl+B	画笔工具	用于绘制需要的图形
11	Ctrl+B	仿制图章工具	用来复制画面中的某些区域
12	Ctrl+B	橡皮擦工具	用来擦除画面中不需要的内容
13	Alt+W	Roto笔刷工具	用于绘制遮罩，并可以使用工具进行跟踪
14	Ctrl+P	操控点工具	用于控制动画内容
15		本地轴模式	采用局部坐标轴看视图
16		世界轴模式	采用世界坐标轴看视频，通常用于三维视图
17		视图轴模式	采用视图坐标轴看视图

1.2.7 项目与首选项的设置

初用After Effects时需要进行某些设置，如视频的默认帧速率、缓存路径、自动保存间隔等，以方便后续操作。其设置操作是在"项目设置"对话框和"首选项"对话框中进行的，具体操作步骤如下。

步骤01 选择"文件"→"项目设置"命令，打开"项目设置"对话框，单击"时间显示样式"选项卡，将时间码的默认基准30修改为25（默认时间码基准是按照美国NTSC制式设置的，而国内电视和影像设备均使用PAL制视频，因此需要将默认的30改成25），如图1-22所示。

步骤02 选择"编辑"→"首选项"→"导入"命令，打开"首选项"对话框并切换到"导入"选项卡，将序列素材由原来的"30帧/秒"改为"25帧/秒"，如图1-23所示。

图1-22

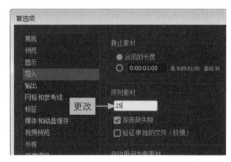

图1-23

步骤03 选择"媒体和磁盘缓存"选项卡，在"符合的媒体缓存"选项组中将默认的数据库和缓存，从系统盘文件夹改设到其他路径的文件夹中，以提高系统和软件的运行效率，如图1-24所示。

步骤04 选择"自动保存"选项卡，将保存间隔更改为10分钟，如图1-25所示。

图1-24

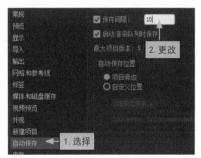

图1-25

LESSON 1.3 After Effects CC的基础操作

知识级别

■初级入门 | □中级提高 | □高级拓展

知识难度 ★★

学习时长 60 分钟

学习目标

① 掌握项目合成的创建与设置。
② 掌握各类素材的导入与操作。

※主要内容※

内　容	难　度	内　容	难　度
After Effects CC菜单介绍	★	项目合成的创建与设置	★
导入图片素材	★★	导入动态序列图片素材	★★
导入带透明信息的素材	★	导入音视频素材	★
导入分层素材	★	修改素材的像素比	★★
素材的整理与删除	★		

效果预览 > > >

1.3.1 After Effects菜单简介

After Effects的菜单栏有9个选项，分别是文件、编辑、合成、图层、效果、动画、视图、窗口和帮助，如图1-26所示。选项名称与作用见表1-9。

文件(F) 编辑(E) 合成(C) 图层(L) 效果(T) 动画(A) 视图(V) 窗口 帮助(H)

图1-26

表1-9

菜单名称	作　用
文件	用于新建、打开、存储、导入和导出文件
编辑	用于撤销、重做、复制、粘贴等
合成	用于处理合成的内容，以及编辑、保存和预览制作的影视作品等
图层	用于新建层、打开层、设置层的样式等
效果	用于对合成项目中的素材应用各种视频效果或音频效果，并最终生成电影
动画	用于设置和保存动画预置等
视图	用于设置绽放、新建视图和视图分辨率等
窗口	用于对编辑工具进行打开或者隐藏操作等
帮助	用于查找相应的帮助内容

1.3.2 项目合成的创建与设置

在用After Effects的进行后期制作时，需要新建项目和新建合成。在制作过程中或制作完成时保存的项目文件，也称为方案或工程文件，所建立的合成都包括在项目文件内。下面介绍项目合成的具体操作。

❶ 新建项目

启动After Effects时会自动建立一个空的项目，可进行项目设置或导入素材，当项目窗口中有素材时可对该项目进行保存。新建项目的操作步骤如下。

[知识演练] 从零开始新建一个项目文件

步骤01 选择"文件"→"项目设置"命令，在打开的对话框中主要查看或修改时间码基准、颜色设置下的色彩深度。时间码基准选择PAL制式，使用每秒25帧（可参看1.2.7节）。颜色设置中选择默认每通道8位已经可以满足要求（如对画面有更高要求可选16位或32位），如图1-27所示。单击"确定"按钮确认设置。

图1-27

步骤02 选择"文件"→"另存为"→"另存为"命令，打开"另存为"对话框，选择存储路径，在"文件名"文本框中输入文件名，单击"保存"按钮，如图1-28所示。

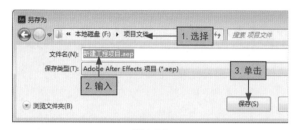

图1-28

❷ 新建合成

在项目窗口中建立一个合成时，在界面下方会出现该合成的时间线窗口。新建一个合成的操作步骤如下。

[知识演练] 从零开始新建一个合成

步骤01 在菜单栏中单击"合成"菜单项，在弹出的下拉菜单中选择"新建合成"命令，如图1-29所示。或者在"项目"面板中右击，在弹出的快捷菜单中选择"新建合成"命令，如图1-30所示。

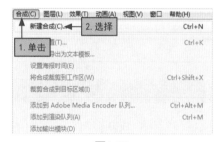

图1-29

图1-30

步骤02 在打开的"合成设置"对话框中设置参数，在"合成名称"文本框中输入"新建合成1"，设置预设为PAL D1/DV，如图1-31所示。

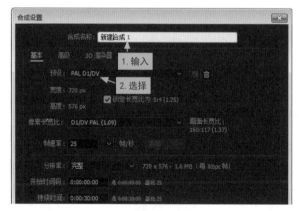

图1-31

❸ 新建多个合成

一个项目文件中只能存在一个项目，而一个项目中可以建立多个合成，并且这些合成的设置也可以不同，例如，"合成1"可以设置PAL D1/DV预设，长度为10s，而"合成2"则可以设置自定义预设，长度为5s。多个合成的建立可以逐个新建，也可以把已建的合成复制过来，对于已经建好的合成，可对其尺寸、时长等再次进行设置。

[知识演练] 建立多个合成

步骤01 打开"合成设置"对话框，在"合成名称"文本框中输入"合成1"，将"预设"设置为PAL D1/DV，将"持续时间"设置为0:00:10:00s，如图1-32所示。

步骤02 打开"合成设置"对话框，在"合成名称"文本框中输入"合成2"。将"预设"设置为"自定义"，取消选中"锁定长宽比1∶1"复选框，设置宽度和高度分别为400，像素纵横比为方形像素，将持续时间设置为0:00:05:00s，如图1-33所示。

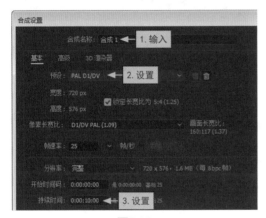
图1-32

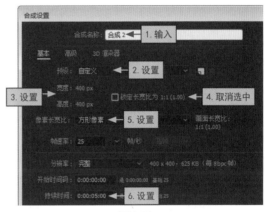
图1-33

步骤03 在项目窗口中右击"合成2"选项，在弹出的快捷菜单中选择"基于所选项新建合成"命令，为"合成2"复制一个副本"合成3"，（也可以选择"编辑/重复"命令或通过快捷键Ctrl+D操作）。直接在合成3上右击，在弹出的快捷菜单中选择"合成设置"命令，在打开的对话框中即可修改"合成3"的各种设置，如图1-34所示。

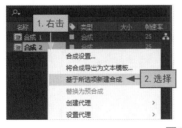
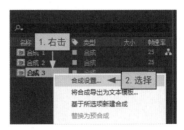
图1-34

1.3.3 导入图片素材

After Effects建立好项目与合成后，在制作前先要调用素材，并将素材文件导入项目窗口中，然后放置到合成时间线中进行合成制作。After Effects可以导入多种格式的素材，包括视频、音频、静态图片、序列动画及其他相关项目。静态图片导入的具体操作步骤如下。

[知识演练] 导入电影片头素材

源文件/第1章	图片|电影片头.jpg
	最终文件|图片导入.aep

步骤01 新建"图片导入.aep"项目文件，打开"合成设置"对话框，在"合成名称"文本框中输入"合成1"，将"预设"设置为PAL D1/DV，如图1-35所示。

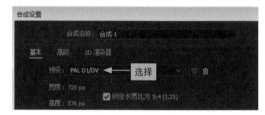

图1-35

步骤02 选择"文件"→"导入"→"文件"命令（或按快捷键Ctrl+I）打开"导入文件"对话框，在列表框中选择需要导入的素材，这里选择"电影片头.jpg"图片，单击"导入"按钮，如图1-36和图1-37所示。

图1-36

图1-37

步骤03 在"项目"面板中选择"电影片头.jpg"选项，并将其拖曳到"时间轴"面板上，可在"合成1"合成窗口中显示导入的素材效果，如图1-38所示。

图1-38

上例中，在"导入文件"对话框中导入单个素材文件后，系统自动关闭"导入文件"对话框。如果选择"文件"→"导入"→"多个文件"命令（或按Ctrl+Alt+I组合键），将打开"导入多个文件"对话框，选择需要导入的文件，单击"导入"按钮，此时可分多次导入文件，然后单击"完成"按钮，如图1-39所示。

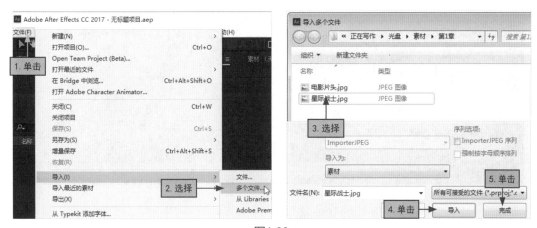

图1-39

1.3.4 导入动态序列图片素材

在使用三维动画软件输出影片时，经常将其渲染成一系列的序列图像文件。After Effects可以将序列图像文件以动态视频的方式导入，动态序列图片的导入有两种情况，一种是导入连续动态序列图片，另一种是导入不连续动态序列图片。

❶导入连续动态序列图片

导入连续动态序列图片是指从起始帧到结束帧，其序号都是连续的，中间没有断帧的情况。导入连续动态序列图片，会让画面更加流畅。具体操作步骤如下。

[知识演练] 导入连续动态序列图片

源文件/第1章	图片|序列图片|
	最终文件|动态序列图片导入.aep

步骤01 新建"动态序列图片导入.aep"项目文件，打开"导入文件"对话框，选择"序列图片"文件夹中的"序列图片1_00540.jpg"，并选中"ImporterJPEG序列"复选框，单击"导入"按钮，将序列文件导入项目窗口，如图1-40所示。

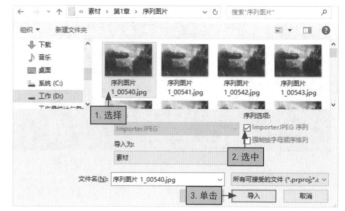

图1-40

步骤02 在"项目"面板中双击"序列图片 1_[00540-00690]".jpg，在窗口中可进行预览，如图1-41所示。

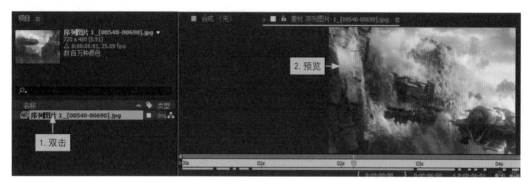

图1-41

❷导入不连续动态序列图片

如果序列文件中有间断，可以用两种方法导入，一种是按常规方式导入，这样在中断处会以彩条代替缺少的部分；另一种是按"强制按字母顺序排列"方式导入以保持完整性。"序列图片 1_00540至序列图片1_00549"，"序列图片1_00620至序列图片1_00690"具体操作步骤如下。

[知识演练] 直接导入不连续动态序列图片

源文件/第1章	图片|序列图片2|
	最终文件|动态序列图片导入1.aep

步骤01 新建"动态序列图片导入1.aep"项目文件，打开"导入文件"对话框，选择"序列图片2"文件夹中的"序列图片 1_00540.jpg"，并选中"ImporterJPEG序列"复选框，单击"导入"按钮，此时会打开对话框提示导入的序列有丢失帧，丢失的帧是"1_00550至1_00619"的70帧，单击"确定"按钮，如图1-42所示。

步骤02 双击导入的序列素材，打开预览效果，可以看到在播放时，序列中存在部分时间段的彩条，这些彩条代替了缺少的序列图像帧，如图1-43所示。

图1-42

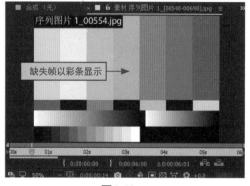

图1-43

如果让不连续的图片在播放时不再显示彩条，可以选中"强制按字母顺序排列"复选框进行导入，具体操作步骤如下。

[知识演练] 强制按字母顺序排列导入不连续动态序列图片

源文件/第1章	图片|序列图片2|
	最终文件|动态序列图片导入2.aep

步骤01 新建"动态序列图片导入2.aep"项目文件，打开"导入文件"对话框，选择"序列图片2"文件夹中的"序列图片 1_00540.jpg"，并选中"强制按字母顺序排列"复选框，单击"导入"按钮，将序列文件导入项目窗口中，如图1-44所示。

步骤02 双击导入的序列图片，虽然长度少了70帧，但在播放时不再有彩条，且能连续播放一整段序列视频，如图1-45所示。

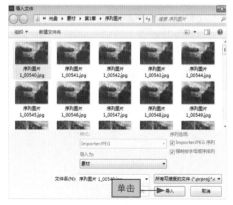

图1-44

图1-45

1.3.5 导入带透明信息的素材

　　After Effects中可以导入一些带有透明背景信息的图像，这对于合成时的制作处理有很大意义。具体操作步骤如下。

[知识演练] 导入带透明信息的"擎天柱"图片

源文件/第1章	图片|擎天柱.png
	最终文件|带透明信息图片导入.aep

步骤01 右击"擎天柱.png"文件，在弹出的快捷菜单中，选择"解释素材"→"主要"命令，如图1-46所示。

步骤02 在打开的"解释素材"对话框中单击"猜测"按钮，软件会自动判断Alpha通道的选择，如图1-47所示。

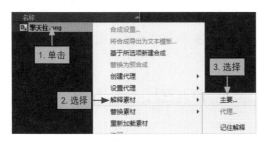

图1-46　　　　　　　　　　　　　　　　　图1-47

步骤02 在"项目"面板中双击该图片文件，在"合成"面板中单击下方的"显示透明信息"按钮，此时显示透明通道的信息，如图1-48所示。

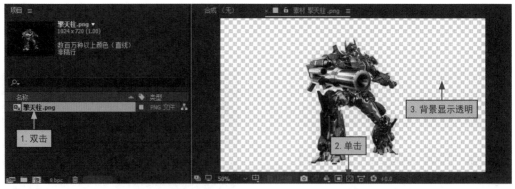

图1-48

　　在"解释素材"对话框中列举了3种Alpha选择项，各选项具体作用如下。

- **忽略：** 忽略Alpha通道的存在，导入的图像没有透明背景，默认只带有不透明的黑背景，如图1-49所示。
- **直接—无遮罩：** 直接以图像中的Alpha通道为准，导入的图像有透明信息，但不存在蒙版信息，如图1-50所示。
- **预乘—有彩色遮罩：** 在图像中存在合成的透明通道，以某种色彩为蒙版对图像进行透明背景处理，如图1-51所示。

通常，单击"猜测"按钮，软件会自动判断Alpha选择。

图1-49　　　　　　　　图1-50　　　　　　　　图1-51

1.3.6 导入音视频素材

After Effects可导入多种格式的视频素材，这些视频素材中也可以包含音频，另外也可将单独的音频文件导入。

导入"项目"面板中的音视频素材可以放置到时间线中进行合成制作，在"合成"面板中预览效果；或在时间线中播放并监听音频。

对素材进行播放和预览时，简单的视频播放按空格键即可，需要监听声音时，可按小键盘的"小数点"键（.）或0键。

[知识演练] 唯美的戒指音视频素材导入

源文件/第1章	视频|唯美的戒指.mp4、唯美的戒指.wav
	最终文件|音视频素材文件导入.aep

步骤01 新建"音视频素材文件导入.aep"项目文件，打开"导入文件"对话框，选择"唯美的戒指.mp4"和"唯美的戒指.wav"，将其导入"项目"面板中，如图1-52所示。

步骤02 选择"唯美的戒指.mp4"项目，将其拖曳到下方的"新建合成"按钮上，释放鼠标，此时会建立一个相同名称的合成"唯美的戒指"，如图1-53所示。

图1-52

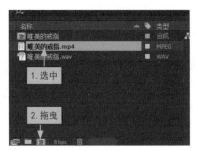

图1-53

步骤03 将"项目"面板中的"唯美的戒指.wav"拖曳到"唯美的戒指"的合成时间轴中，此时时间线中有一个视频层和一个音频层，如图1-54所示。

图1-54

步骤04 简单预览视频时，可以按空格键，或者单击"预览"面板中的"播放/暂停"按钮，时间线上的时间指示线会从头开始播放，还可在"合成"面板中预览素材的画面效果，如图1-55所示。

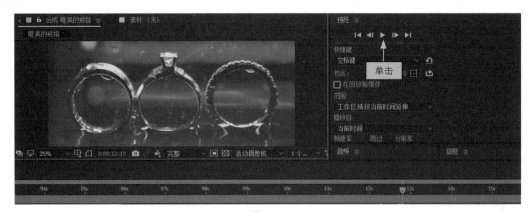

图1-55

步骤05 此时预览的内容只有单独视频，如果要单独听声音，按小键盘上的"小数点"键（.）。如果要同时预览视频和音频，按小键盘的0键，或者单击"预览"面板中"包含"栏的"喇叭"按钮，如图1-56所示。

图1-56

1.3.7 导入分层素材

After Effects对于Photoshop文件有很好的兼容性，用Photoshop的图像元素来帮助After Effects进行合成，可以给作品带来更广阔的创意空间。将Photoshop的PSD文件导入After Effects中有多种方式，不同的导入方式会有不同的结果。

❶ 将Photoshop图层文件作为单一合成图片导入

PSD文件包含多个图层，可以将这些多图层合并成一张完整的图片导入合成中，具体操作步骤如下。

[知识演练] 导入"机器人"PSD分层文件素材

源文件/第1章	图片|机器人.psd
	最终文件|分层素材文件导入.aep

步骤01 新建"分层素材文件导入.aep"项目文件，打开"导入文件"对话框，选择"机器人.psd"文件，在"导入为"下拉列表框中选择"素材"选项，单击"导入"按钮，如图1-57所示。

步骤02 打开"机器人.psd"对话框，保持默认的导入种类为"素材"，设置图层选项为"合并的图层"，单击"确定"按钮，如图1-58所示。

图1-57

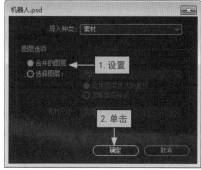

图1-58

步骤03 将图像导入"项目"面板中，此时所导入的图层合并为一个图层的图像文件，如图1-59所示。

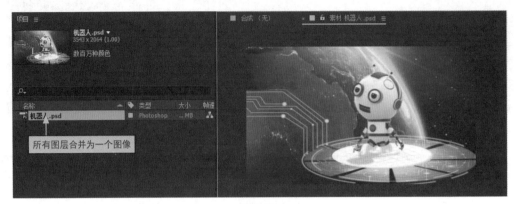

图1-59

❷导入Photoshop图层文件中的单一图层

PSD文件有多个图层，在导入时可以选择所需要的某个或某些图层。

在"导入文件"对话框中导入素材，在打开的对话框中单击"图层选项"下的"选择图层"按钮，在右侧的下拉列表中，选择需要的图层，这里选择"地球背景"图层，单击"确定"按钮，此时在"项目"面板中仅显示一个图层效果，如图1-60所示。

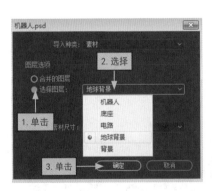

图1-60

❸以合成方式导入Photoshop图层文件

如果文件中的图层过多，又想在导入后选择图层，可用合成的方式导入。在"导入文件"对话框中选择PSD文件，在"导入为"下拉列表框中选择"合成"选项，单击"导入"按钮，此时在"项目"面板中自动建立了一个文件夹，在文件夹下包含了PSD文件中的所有图层，并且自动建立了与Photoshop中有相似图层结构的合成，如图1-61所示。

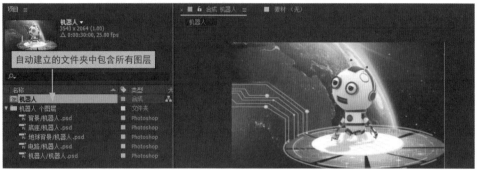

图1-61

知识延伸 | "PSD素材"的高级导入设置

● 当PSD文件中某一图层的显示关闭后：Photoshop某一图层关闭后，在After Effects中进行导入时，这一图层将不会显示，这里将"机器人2.psd"中的"机器人"图层显示关闭后，以合并图层的方式导入After Effects中，如图1-62、图1-63所示。

● PSD文件中的透明图层导入后：将Photoshop中透明背景图层导入After Effects中时，可以PSD文件尺寸大小为准，也可以图层的实际图像大小为准。在"导入为"中选择"合成-保持图层大小"，这样导入后图像的各个图层大小都是原始图像的实际尺寸，如图1-64、图1-65所示。

图1-62

图1-63

图1-64   图1-65

1.3.8 修改素材的像素比

像素比指图像中一个像素的宽度与高度之比，根据视频的不同标准有不同的制式，因此有不同的分辨率和像素比。

在After Effects CC中，用PAL D1/DV制式合成的像素纵横比为1∶1.09，而一些图像处理软件所制作的图像像素比一般为1∶1。当图像的像素比与合成的像素比不一致时，会造成合成后的画面出现变形效果。因此，如果图像素材的像素比与合成不一致，就需要在AE中设置素材的像素比，以便与合成组的像素比相匹配。具体操作步骤如下。

[知识演练] 修改"星际战士"图片素材的像素比

源文件/第1章	图片|星际战士.jpg
	最终文件|修改图片像素比.aep

步骤01 新建"修改图片像素比.aep"项目文件，选择"星际战士.jpg"文件新建一个"合成1"的合成，设置预设为"PAL D1/DV"，并将"星际战士.jpg"图像拖曳到"合成1"时间轴中，如图1-66所示。

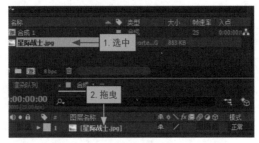

图1-66

步骤02 选中"时间轴"面板中的"星际战士.jpg"图像，在菜单栏中选择"视图"→"显示标尺"命令，如图1-67所示。

步骤03 在"项目"面板中选择"星际战士.jpg"项目，在菜单栏中选择"文件"→"解释素材"→"主要"命令，打开"素材解释"对话框，在"其他选项"栏的"像素长宽比"下拉列表框中选择"D1/DV PAL(1.09)"选项，如图1-68所示。

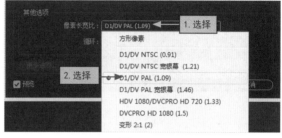

图1-67   图1-68

步骤04 在"合成"面板中预览，效果如图1-69、图1-70所示。

图1-69   图1-70

1.3.9 素材的整理与删除

在"项目"面板中进行素材导入时，会导入和使用一些重复素材，这时可将导入项目中的素材进行整理，将重复素材进行合并，只保留一个，以达到精简的目标。

对于导入后从来没有使用过的素材，软件会自动统计在合成中未使用过的素材文件或文件夹并删除。具体操作步骤如下。

[知识演练] 合并与删除素材文件

源文件/第1章	初始文件|素材整理.aep
	最终文件|素材整理.aep

步骤01 打开"素材整理.aep"项目文件，可以看到所导入的素材"星际战士.jpg"有重复的素材，如图1-71所示。在菜单栏中选择"文件"→"整理工程"→"整合所有素材"命令，打开"After Effec"对话框会提醒整理素材的结果，单击"确定"按钮，如图1-72所示。

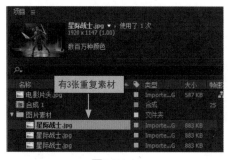

图1-71

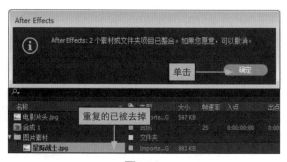

图1-72

步骤02 在菜单栏中选择"文件"→"整理工程（文件）"→"删除未用过的素材"命令，如图1-73所示。

步骤03 在打开的对话框中会提醒删除素材的结果，单击"确定"按钮，在返回的"项目"面板中即可查看到"电影片头.jpg"已被删除，如图1-74所示。

图1-73

图1-74

第2章

走进二维
动画世界

学习目标

  After Effects是编辑运动图像的工具，创建动画是其主要功能。在实际需求中，有些项目要求使用精细动画，有些项目则要求使用粗略和不规则的动画。要达到这些要求，就要掌握图层的应用、关键帧二维基础动画与高级动画的制作，以及运动跟踪的应用。

本章要点

- ◆ 图层的创建与选择
- ◆ 关键帧的基本操作
- ◆ 变换与编辑关键帧
- ◆ 关键帧的时间控制
- ◆ 运动跟踪的应用

······

LESSON 2.1 认识与操作图层

知识级别

■初级入门 | □中级提高 | □高级拓展

知识难度 ★★

学习时长 100 分钟

学习目标

① 了解图层概念。
② 了解图层的基本操作。
③ 了解图层模式和类型。

※主要内容※

内 容	难 度	内 容	难 度
认识图层	★	图层的选择	★
排列图层顺序	★★	图层的复制粘贴	★
图层的分割与重命名	★★	图层的混合模式	★★
图层的类型	★★★	图层的栏目属性	★★★

效果预览 > > >

2.1.1 认识图层

After Effects和其他图像软件一样可以对图像进行分层处理，只不过在After Effects中是动态的，将素材加入合成以后，素材就成为合成中的一个层，再对很多的层进行操作可得到最终的合成效果。

图层就像是透明的胶片重合在一起，上层的画面遮住下层的画面，上层透明的部分则可以显露出下层的画面，多层叠加在一起可以看到一个总的重合画面效果。

例如，在"海底世界"的合成中有5个图层，分别是不透明的"海水"，有透明通道信息的"海龟""潜水员""海底珊瑚"和"海豚"，如图2-1所示。

图2-1

2.1.2 图层的选择

对图层进行操作时，首先要对层进行选择，After Effects可对图层进行单独选择，也可多层同时选择，被选中的层会以比其他层深的颜色进行区分。下面将对图层的几种选择方式进行实际操作。

❶ 选择单个图层

对于单个图层的选择，既可以在"时间轴"面板中完成，也可以在"合成"面板中完成。

1）在"时间轴"面板中选择

这是最常见的选择单个图层的方法，直接在"时间轴"面板中选择目标层即可，如图2-2所示。

在"时间轴"面板中，每层都有序号，从最顶层的1号排到9号，分别对应着小键盘

图2-2

的1至9数字键，直接按小键盘的5键即可选择最后一层"海水"图层，如图2-3（a）所示。

对于超过9的大序号，在键盘中按下这个数字，即可将10或以上的序号选中，选择第18层的"海底珊瑚"图层，在小键盘上按下1和8键，如图2-3（b）所示。

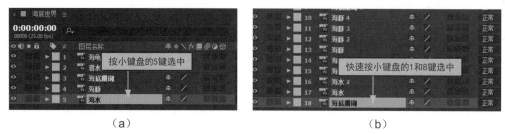

（a）　　　　　　　　　　　　　　　　（b）

图2-3

2）在"合成"面板中选择

在"合成"面板中选择目标图层，时间轴中相对应的图层同时被选中，选择"海龟"图层后，如图2-4（a）所示，在"时间轴"面板中，该图层同时被选中，如图2-4（b）所示。

（a）　　　　　　　　　　　　　　　　（b）

图2-4

❷ 选择多个图层

虽然在"合成"面板中也可以选择多个图层，但不是很准确，因此会通过"时间轴"面板来选择。

对于多图层的选择，一般还需要配合Ctrl键和Shift键。

● **直接框选：** 在需要选择的起始图层名称的左侧空白位置按下鼠标并拖动即可框选目标图层，如图2-5所示。

● **配合Ctrl键选择不连续的多个图层：** 如果要选择不连续的多个图层，可以先执行一次直接框选图层的方法，按住Ctrl键，此时执行框选操作，即可同时将多次框选的图层都选中，如图2-6所示。也可以在按住Ctrl键时单击选择多个不连续的单个图层。

图2-5

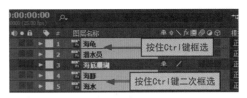

图2-6

● **配合Shift键选择连续的图层：** 在"时间轴"面板中选择起始图层，然后按住Shift键，再选择一个结束图层，此时起始图层和结束图层之间的图层均被连续选择，如图2-7所示。

图2-7

知识延伸 | 全选/取消全选图层的方法

如果要全选图层，可以选择"编辑/全选"命令，或按Ctrl+A组合键；如果要取消全选图层，可以选择"编辑/全部取消选择"命令，或按Ctrl+Shift+A组合键。

2.1.3 排列图层顺序

图层排列顺序不一样，合成的显示效果也不一样，对于图层顺序的调整主要有两种方法，一种是用鼠标拖动调整，另一种是通过快捷键调整。

● **用鼠标拖动调整：** 用鼠标将"时间轴"面板的图层向上或向下拖曳，改变其顺序。例如选择第二层图层，按住鼠标并将其拖动到第四层下方，即"潜水员"图层被调整到第四层"海豚"后面如图2-8（a）所示。海豚遮挡住了潜水员的部分画面如图2-8（b）所示。

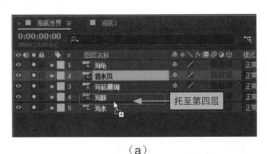

（a）

（b）

图2-8

● **通过快捷键调整：** 通过快捷键调节图层向上或向下的位置见表2-1。选中"海龟"图层，按Ctrl+Shift+[组合键将其放到最底层如图2-9（a）所示。此时"海龟"层已经被"海水"背景层遮挡住，如图2-9（b）所示。

表2-1

顺序方式	快捷键	顺序方式	快捷键
图层向上	Ctrl+]	图层置顶	Ctrl+Shift+]
图层向下	Ctrl+[	图层置底	Ctrl+Shift+[

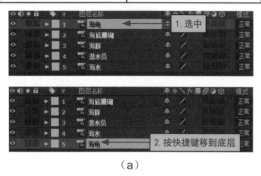

（a）　　　　　　　　　　　　　　　　（b）

图2-9

2.1.4 图层的复制粘贴

对于复制加粘贴，通常按Ctrl+C组合键先复制，再使用Ctrl+V组合键粘贴。在After Effects中还可以使用命令菜单进行操作。

例如，在"海底世界"合成的"时间轴"面板中选择"海龟"图层，然后在菜单栏中选择"编辑/复制"命令复制，如图2-10（a）所示，再选择"编辑/粘贴"命令复制图层，复制出"海龟2"新图层如图2-10（b）所示。

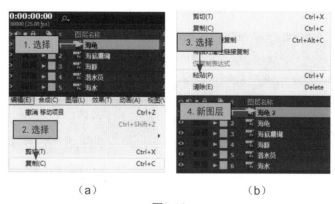

（a）　　　　　　　　　　　　　　　　（b）

图2-10

还可以在一个合成中把图层复制下来，然后在另一个合成中粘贴，例如，新建一个合成"海底2"，在"海底世界"合成中将"海龟"与"潜水员"层选中并按Ctrl+C组合键复制，如图2-11（a）所示。打开"海底2"合成的"时间轴"面板中按Ctrl+V组合键粘贴，如图2-11（b）所示。

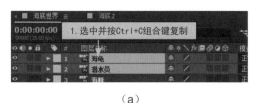

（a）　　　　　　　　　　　　　（b）

图2-11

After Effects中还有一种与复制加粘贴类似的操作就是"创建图层副本"，与前面的复制加粘贴的方式相似，但更加简化。只需要选中图层后，选择"编辑"→"副本"命令，或按Ctrl+D组合键创建新的副本图层，如图2-12所示。

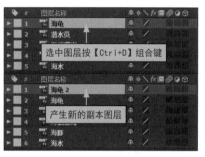

图2-12

知识延伸 | 图层副本与复制加粘贴的区别

复制加粘贴与创建图层副本操作在合成制作中经常使用，两种方法虽然相似，但也有区别，特别是复制加粘贴还存在图层的顺序情况。复制加粘贴与创建图层副本的区别见表2-2。

表2-2

复制加粘贴	创建副本
要执行两个命令的操作	只要执行一个命令操作即可
可以在一个合成中或多个合成之间进行	只能在一个合成中进行
产生的新图层在时间轴的顶层位置	产生的新图层都在原图层的下面

需要注意的是，在"时间轴"面板中，图层的顺序会影响合成的结果，因为上面的图层会遮挡住下面图层的画面，特别是在选择多个图层时，其选择的先后顺序会影响到粘贴后的图层顺序。例如，在"合成1"中依次选中"图层2.jpg""图层3.jpg""图层1.jpg"，如图2-13（a）所示。

将这3个图层复制后，再粘贴到"合成2"中，可以看到新复制过来的图层在时间轴的顶层，按照"图层2.jpg""图层3.jpg""图层1.jpg"的顺序排列，如图2-13（b）所示。

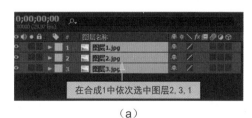
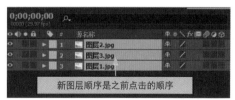

（a）　　　　　　　　　　　　　（b）

图2-13

在框选多个图层时，不管是从上往下拖动鼠标框选，还是从下往上拖动鼠标，均默认从上至下的框选顺序，所以对复制加粘贴后的顺序没有影响。如果按住Shift键进行多次框选，只会按框选的先后顺序产生新层，而单个框选内的图层顺序不变。

2.1.5 图层的分割与重命名

与一些非线性编辑软件不同的是，After Effects在分割图层时不会放在同一个轨道中，而是在对这个图层创建副本的同时，重新设置原图层和新图层的出入点。分割后的图层，与源图层有相同的名称，所以有必要将其重命名。具体操作步骤如下。

[知识演练] 分割"风景1"图层并重命名

源文件/第2章	初始文件|分割图层.aep
	最终文件|分割图层.aep

步骤01 打开"分割图层.aep"项目文件，在"时间轴"面板中选择图层"风景1.jpg"，拖动滑块，将时间指示线移至需要分割的图层时间点处，如图2-14（a）所示。

步骤02 按Ctrl+Shift+D组合键将图层分割开（也可以选择"编辑"→"拆分图层"命令），如图2-14（b）所示。

（a）　　　　　　　　　　　　　　　　（b）

图2-14

步骤03 选择重复的图层，按Enter键，图层名称文本框自动变为可编辑状态，如图2-15（a）所示。输入新名称，按Enter键，完成对图层名称的修改，如图2-15（b）所示。

（a）　　　　　　　　　　　　　　　　（b）

图2-15

知识延伸 | 同时分割多个图层

同时选择需要分割的多个图层，确定分割位置并执行分割操作，即可将选择的多个图层在某一位置被同时分割，如图2-16所示。

图2-16

2.1.6 图层的混合模式

图层之间可以通过图层模式来控制上层与下层的整合效果。当某一图层选用层模式时，会根据图层模式类型与下层图像进行相应的整合，产生相应的合成效果。不仅静态图片可以使用混合模式，视频也同样可以使用。

在"时间轴"面板中，如果在当前图层上再放另一个图层，则上面图层将完全遮盖下面的图层，如果设置"图层模式"显示，就可使上下图层交互，改变显示效果。在"时间轴"面板中单击"图层模式"按钮，选择相应的图层混合模式，如2-17（a）图所示。"图层1"与"图层2"产生的合成效果如2-17（b）图所示。

（a）

（b）

图2-17

常用混合模式名称及作用见表2-3。

表2-3

名　　称	作　　用
溶解	用于控制层与层之间的融合显示，对有羽化边界的层影响较大
变暗	用于查看每个颜色通道中的颜色，并选择原色或混合色中较暗的颜色作为结果色
相乘	是一种减色模式，底色与黑色相乘产生黑色，白色相乘保持不变
颜色加深	用于通过增加对比度使基色变亮以反映混合色，如果混合色为白色则不变化
线性加深	用于查看每个通道中的颜色信息，并通过降低亮度使基色变暗以反映混合色
相加	用于将底色与层颜色相加，得到更为明亮的颜色。层颜色为纯黑或底色为纯白时不发生变化
变亮	用于查看每个颜色通道的颜色，像素将被替换，亮度保持不变
屏幕	是一种加色混合模式，用于将混合色与基色相乘从而达到更亮的效果
叠加	根据底层的颜色将当前层的像素进行相乘或覆盖，只对中间色影响较为明显
柔光	用于产生一种柔和光线照射的效果，使亮度区域变得更亮，暗区变得更暗
差值	用于从基色中减去层颜色，或从混合色中减去基色
排除	用于创建一种与差值相似但对比度较低的效果

2.1.7 图层的类型

After Effects中除了可以导入视频、音频、图像等作为素材图层外，还可创建多种类型的图层，在菜单栏中选择"图层/新建"命令即可。

这些图层包括文本层、固态层、灯光层、摄像机、空对象、形态图层、Adobe Photoshop文件以及MAXON CINEMA 4D文件。下面介绍几个最常用的层。

❶ 素材层

在"时间轴"面板中这些素材虽然是以图层的方式存在，但仍可以对这些素材层进行移动、缩放、旋转以及透明度等的设置，并添加遮罩、特效等。

在"时间轴"面板中选择目标图层，单击其左侧的三角形按钮，继续单击"变换"右侧的三角形按钮，展开所有设置项，在其中可对锚点、位置、缩放、旋转和不透明度进行设置，对图片进行缩放设置的效果如图2-18所示。

图2-18

❷ 固态层

After Effects的固态层是一个当前颜色的静态层，常被用来进行添加遮罩、效果等的操作，也常被用来作为背景层使用。

创建一个合成，在菜单栏中选择"图层"→"新建"→"纯色"命令（或者按Ctrl+Y快捷键），打开"纯色设置"对话框，设置固态层的宽度、高度、像素长宽比、颜色等，如图2-19所示。

图2-19

在项目中首次建立一个固态层后，"项目"面板中会自动产生一个"固态层"的文件夹，创建的第一个固态层就在文件夹里，后续建立的其他固态层也都会被放在这个"固态层"文件夹中，如图2-20所示。

图2-20

❸ 图层父子化与空对象层

图层父子化是一种多图层管理方式，可以让多图层通过"链接"的方式链接到单一图层或空对象上，以达到"一控多"的优化技巧目的。空对象是一个线框物体，其左上角在合成视图的中心处，空对象层虽然不能显示在最终合成效果中，但是可进行特效和动画设置，辅助动画制作，具体操作步骤如下。

[知识演练] 创建和操作空对象

源文件/第2章	初始文件|空对象操作.aep
	最终文件|空对象操作.aep

步骤01 打开"空对象操作.aep"项目文件，在菜单栏中选择"图层/新建/空对象"命令（或按Ctrl+Alt+Shift+N组合键）新建一个空对象，如图2-21所示。

图2-21

步骤02 在"时间轴"面板上右击"图层名称"，在弹出的快捷菜单中选择"列数"→"父级"命令，单击"风景4.jpg和风景2.jpg"图层右边的父级下拉箭头，选择"空1"选项，将图层链接到空物体层，如图2-22（a）所示。将空对象旋转25°，可以看到其他链接了空对象的图层也相应地进行了旋转，如图2-22（b）所示。

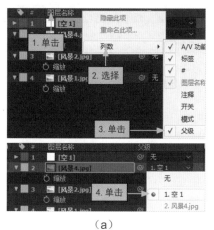

（a）　　　　　　　　　　　　　　　（b）

图2-22

❹ 调整图层

调整图层不会显示任何效果，但会对其下面的所有层起到效果调节作用，且不影响上面的层。

调整图层的创建与设置和固态层类似，在菜单栏中选择"图层"→"新建"→"调整图层"命令，如图2-23所示。

例如，将调整图层的颜色设置为"灰度"，选择调整图层1，在菜单栏选择"效果"→"颜色校正"命令，在弹出的子菜单中选择"色相/饱和度"命令，在打开的面板中设置主饱和度为-100，此时下面的所有图层都会变成灰色，如图2-24所示。

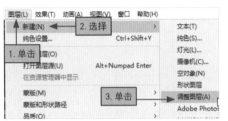

图2-23

图2-24

还可以把作为素材的当前图层也变成调整图层。例如，把"风景1.jpg"作为调整图层，首先把"风景1.jpg"层的饱和度降到最低，变成灰度图，然后单击"时间轴"面板左下角的"展开或折叠'图层开关'窗格"按钮，最后单击"风景1.jpg"层右边的"调整图层"图标，如图2-25所示。

图2-25

2.1.8 图层的栏目属性

After Effects的"时间轴"面板中有许多的选项按钮，这些选项可以控制图层的显示、锁定、消隐、特效以及标记等，这些快捷选项可以在后期制作中更为方便灵活地控制各种设置和效果。下面介绍几个常用栏目的属性。

（1）"视图显示"图标：每个图层的旁边都有一个"眼睛"图标，称为图层显示图标，单击此图标可以显示或隐藏图层。例如，只显示"潜水员"和"海底珊瑚"图层，其他层都不显示，如图2-26（a）所示；音频层旁边的"喇叭"图标，称为音频层显示图标，取消"喇叭"图标后音频层不会被预览和输出，如图2-26（b）所示。

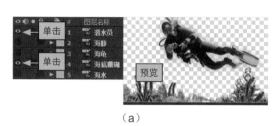 

（a）　　　　　　　　　　　　　　　　（b）

图2-26

（2）"独奏"图标：对于"时间轴"面板中的多个图层，如果只想看到其中某个层的效果，除了依次关闭其他图层的显示图标外，还可以单击"独奏"图标隐藏所有非单独显示的图像。例如，单击"潜水员"图层旁边的"独奏"图标即可只显示"潜水员"图层，如图2-27（a）所示。也可以在"时间轴"面板中同时打开多个"独奏"图标，只显示选中的部分图层，这里单独显示"潜水员"和"海水"层，如图2-27（b）所示。

（a）　　　　　　　　　　　　　　　　（b）

图2-27

（3）"锁定"图标：要锁定图层，只需要在"时间轴"面板中单击"锁定"图标，如图2-28（a）所示。如果将图层锁定，则无法对图层进行其他操作，例如对图层即使执行了"全选"命令，被锁定的图层也不会被中，如图2-28（b）所示。这样可以避免在制作过程产生误操作。

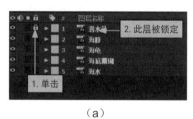 

（a）　　　　　　　　　　　　　　　　（b）

图2-28

（4）"颜色"图标与序号：不同类型素材默认不同的颜色，但通过自定义指定不同的颜色，可以更好地区分各层素材的不同类型。单击图层左边的"颜色"图标可自定义颜色；图层的序号由上至下从1开始递增，且图层顺序改变后，序号的顺序不会变，如图2-29所示。

图2-29

（5）"消隐"图标：当"时间轴"面板中的图层过多时，在操作上会有些不方便，这时需要用到"消隐"功能，以减少图层的显示数量。单击图层名称右边的"消隐"按钮，如图2-30（a）所示，再单击"时间轴"面板上方的"消隐"按钮即可隐藏选中的图层，如图2-30（b）所示。当再次单击"消隐"按钮，这些图层会再次被显示出来。

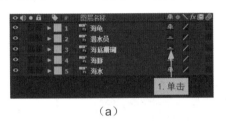 

（a） （b）

图2-30

（6）"质量"图标：控制图像显示质量的是"质量"图标，包括最好质量（直线）、次要质量（曲线）和草稿质量（虚线），如图2-31所示。最好质量的图像采样非常高，图像清晰平滑；次要质量虽然降低了图像清晰度，但增加了一些锐化效果；草稿质量虽然有锯齿感，但在制作复杂动画时能让显示画面比较流畅。

图2-31

（7）"特效"图标：用于打开或关闭图层上全部特效的应用，该图标在每个特效前都存在，可以开启或关闭选中的图层。例如，在"风景1.jpg"图层上应用色阶效果后可通过"特效"图标控制开关效果，如图2-32所示。

图2-32

（8）"透明度"图标：此图标可以将当前层下面的图像作为透明遮罩。例如，将有

透明信息的图层"海龟"上面放置一个背景层"海水"，然后在背景层"海水"上单击
"透明度"图标，此时"海水"层会以下面的图层"海龟"为透明遮罩，如图2-33（a）所
示。效果如图2-33（b）所示。

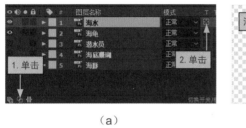

（a）　　　　　　　　　　　　　　　　（b）

图2-33

（9）入点、出点、持续时间和伸缩：入点用于控制素材的开始点，出点用于控制素
材的结束点，确定了入点和出点后，持续时间随之被确定。伸缩是素材是否以正常的速度
进行播放，数值大于100%时为慢放，小于100%时为快放，数值为负数时，素材的视频镜
头会往回倒放，如图2-34所示。

图2-34

（10）添加标记：添加标记可用来在"时间轴"面板
中标记时间点，辅助制作时进行入点、出点、对齐或关键
帧时间点的确定，在图层上用时间指示针定位后，按小键
盘上的*键添加标记，如图2-35所示。

（11）时间范围：时间标尺可调整某一时区显示，在
时间范围两端可以左右拖拉，拖到最大时，显示合成的全
部时间范围，向左或向右拖拉可以查看时间轴中的局部时间区域，如图2-36所示。

（12）工作区范围：工作区范围在时间标尺下面，该范围会影响合成时间轴中视频或
图片本身的时间输出长度，比如合成的时间长度是10秒，但工作区范围只有5秒，因此在
预览或输出时默认以工作区范围长度为准，如图2-37所示。

图2-36　　　　　　　　　　　　　　　图2-37

LESSON 2.2 关键帧基础动画

知识级别

□初级入门 | ■中级提高 | □高级拓展

知识难度 ★★★

学习时长 120 分钟

学习目标

① 了解关键帧的概念。
② 了解关键帧的基础操作。
③ 了解关键帧的常用编辑。

※主要内容※

内　容	难　度	内　容	难　度
认识关键帧	★	关键帧的生成	★★
选择和移动关键帧	★★	复制和粘贴关键帧	★★
变换动画关键帧	★★★	编辑动画关键帧	★★★

效果预览 > > >

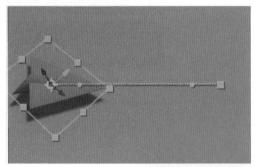

2.2.1 认识关键帧

关键帧是一个动画术语，通常用于描述有变化的一个关键点，设计动画就是为一个特定的动作确定起始点和结束点，这两个点就是动画的关键帧。

After Effects通过关键帧创建和控制动画，为时间轴上的某个图层参数值添加一个关键帧时，就代表当前层在时间上确定了一个固定的参数值，用同样的方法再确定一个不同的参数值，就形成了两个不同的关键帧，两个关键帧之间快速变化就会产生动画效果。

在不同的时间点设置不同的参数时，其参数值会从前一个关键帧逐渐变化到后一个关键帧，软件会按不同关键帧变化的参数值，在这些关键帧之间插入过渡画面，这些过渡的中间画面每帧有一幅，连续多幅这样的过渡画面就形成了动画效果。

例如，一个图层在第1秒时有一个关键帧，位置在预览窗口的左侧，第3秒时有一个关键帧，位置在预览窗口的右侧，这样在第1秒和第3秒之间，软件会自动生成连续的移动画面，连续播放时，就会产生一个从左至右的动画，如图2-38所示。

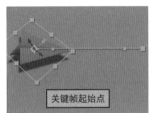
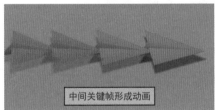

图2-38

在After Effects中设置动画时可以自定义关键帧，而After Effects软件会制作出中间的帧，关键帧扮演着绘制中间帧向导的角色，每个关键帧都包含有一些相同的信息要素，见表2-4。

表2-4

参数名称	含 义
参数属性	对应图层中各参数属性所发生的改变
时间	对应关键帧所确定的时间点位置
参数值	当前时间点的图层各参数值
帧类型	关键帧之间的过渡方式，包括线性、曲线、平滑等
帧速率	关键帧之间的变化速率，一般与项目和合成的设置相关

2.2.2 关键帧的生成

在After Effects中制作动画时，关键帧的各种应用和设置最为频繁，其生成也有多种方式，包括软件自动生成方式，自定义添加方式，熟练掌握关键帧的添加和取消是进行关键帧编辑的前提和基础。

❶关键帧与码表

After Effects中多数选项的参数都可以设置动画关键帧，这些参数前都有一个动画计时器按钮，也称为"码表"，码表关闭和打开时显示的颜色不同，将码表打开时，在时间轴相对应的时间点上会自动生成一个亮点的关键帧标记，如图2-39所示。

如果在"时间轴"面板中没有显示出关键帧栏，可在"图层名称"区域右击，在弹出的快捷菜单中选择"列数"→"键"命令，如图2-40所示。

图2-39

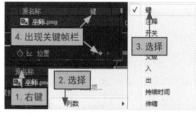
图2-40

当某选项参数前面的码表没有打开时，参数数值是固定不变的，当码表被打开后，其数值在当前时间点（或当前关键帧）也是固定不变的，只有把时间指示器移动到其他时间点，再设置新的参数值并生成新关键帧以后，这时数值才会随着关键帧之间的变化而变化。

例如，在下面的图层中打开"缩放"参数旁边的"码表"，将第1秒的关键帧参数值设置为100%，第3秒的关键帧参数值设置为300%，由于第1秒是起始帧，第3秒是结束帧，所以这两个关键帧设置后是固定不变的。但在第1秒和第3秒之间，属性的参数值会依次改变，如当时间到第2秒时，虽然没有设置关键帧，但是此时的缩放参数值会变为200%；当时间到第3秒时，由于设置了关键帧，此时参数值变为设置的固定值，即300%，如图2-41所示。

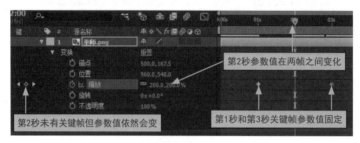
图2-41

❷关键帧的添加和取消

在动画制作中，时间轴中有多个关键帧，可对其进行移动、添加、取消以及其他操作。为了更快捷和准确地操作这些关键帧，为每个关键帧都设置了"关键帧导航器"，它由3个按钮组成，分别是"移至上一帧"按钮、"添加与取消帧"按钮、"移至下一帧"按钮，如图2-42（a）所示。

关键帧导航器中间的"添加与取消帧"按钮显示为灰色时，表示不可用状态，因为当前时间点上没有关键帧或时间指示器未指向任何关键帧，如图2-42（b）所示。

只有当前帧前面或后面有关键帧存在时，关键帧导航器中的"移至上一帧或移至下一帧"按钮才可用，如图2-42（c）所示。

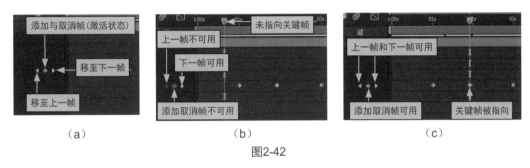

（a）　　　　　　　　　　（b）　　　　　　　　　　（c）

图2-42

关键帧导航器中间的"添加与取消帧"按钮和码表都可以完成添加或取消关键帧的操作，但"添加与取消帧"按钮只影响指向的当前时间点上的一个关键帧，如图2-43（a）所示；而码表则影响当前参数的所有关键帧，也就是决定此参数是否还使用关键帧，如图2-43（b）所示。

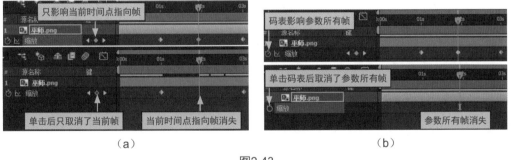

（a）　　　　　　　　　　　　　　　（b）

图2-43

当添加第一个关键帧时一般都是打开码表添加，之后就可以把时间指示器移到其他时间点上来添加，并不需要每次都单击关键帧导航器中间的"添加与取消帧"按钮来添加关键帧，而是在打开码表的状态确定了新的时间点位置后，直接更改参数值，就会自动添加一个关键帧。

2.2.3 选择和移动关键帧

要对关键帧进行移动或其他编辑操作，首先需要选择关键帧，针对不同的关键帧有不同的选择方式，具体操作步骤如下。

[知识演练] 关键帧的选择和移动练习

源文件/第2章	图片|巫师.png
	最终文件|关键帧的选择和移动练习.aep

步骤01 新建"关键帧的选择和移动练习.aep"项目文件，再建一个合成1，并在合成1中导入"巫师.png"图片，单击图层左边三角形下拉按钮，单击"变换"选项下的"位置"按钮，打开"位置"参数旁边的码表，分别在第0秒、第1秒和第2秒上设置不同的关键帧（码表打开后在每个时间点上改变参数值即可自动生成一个关键帧），用同样方式在"缩放""旋转"参数上也设置几个关键帧，如图2-44所示。

步骤02 选中"位置"参数第2秒的一个关键帧，用鼠标框选"缩放"和"旋转"属性的所有关键帧，也可在按住Shift键的同时，进行框选。此外单击属性名称可选中该属性参数的所有关键帧如图2-45所示。

图2-44

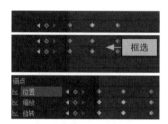

图2-45

步骤03 如果要将关键帧准确移动到位，可以参照时间指示器和配合Shift键来准确定位关键帧位置，这里将时间指示器移到第3秒上，然后选中位置属性的关键帧，拖动时按住Shift键不放，将关键帧拖到第3秒时间点上，可以看到这些关键帧被吸附到指定位置。移动多个关键帧时是以鼠标选中并拖动的关键帧为基准来吸附到时间指示器指定的时间点上的，如图2-46所示。

步骤04 按住Shift键的同时移动时间指示器也可以准确地吸附到关键帧的位置，但时间指示器移动到对应的关键帧位置时只是指向并激活此帧，并不代表选中了关键帧，必须在关键帧位置单击，使其变为亮点才选中，如图2-47所示。

图2-46

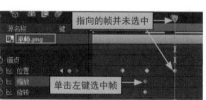

图2-47

2.2.4 复制和粘贴关键帧

在后期制作时，经常会有很多重复的动画步骤，也会有很多参数需要重复设置，此时关键帧的复制和粘贴既可以对图层在不同的时间点上进行，也可以在不同的图层之间进行，这样不仅能提高创作效率，也能制作出具有创意的作品。具体操作步骤如下。

[知识演练] 关键帧的复制粘贴练习

源文件/第2章	图片|苹果.png、西瓜.png
	最终文件|关键帧的复制粘贴练习.aep

步骤01 新建"关键帧的复制粘贴练习.aep"项目文件，新建合成1和合成2，导入图片并完成初始化操作。在合成1中，选中"苹果"层上框选"位置"参数的第0秒和第1秒的两个关键帧，按Ctrl+C组合键复制，如图2-48（a）所示，再把时间指示器移动到第2秒处，按Ctrl+V组合键粘贴，无论复制了多少关键帧，都会以时间指示器指向的时间点为起始位置进行粘贴，如图2-48（b）所示。

（a）   （b）

图2-48

步骤02 对不同图层之间相同属性参数的关键帧进行复制粘贴，方法类似，选择苹果层的"位置"关键帧，按Ctrl+C组合键复制，如图2-49（a）所示。打开合成2，选中"西瓜"层，打开"位置"参数的码表，定位时间点到第1秒，再按Ctrl+V组合键进行粘贴，如图2-49（b）所示。

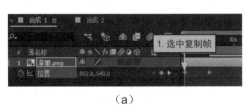
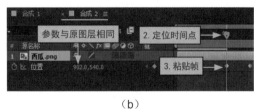

（a）   （b）

图2-49

2.2.5 变换动画关键帧

在后期制作中，变换属性参数使用率比较高，After Effects为其提供了一些快捷显示，只需选中图层后按相应的快捷键，对应属性就会被显示出来，见表2-5。

表2-5

属性名称	快捷键	作　　用
轴心点	A	以轴心点为基准对相关属性进行设置，是对象进行旋转、缩放等操作的坐标中心点
位置	P	制作移动效果所需要设置关键帧的对象，在合成窗口中以路径的形式表现
缩放	S	以轴心点为基准，将对象进行缩放以改变原来图像的尺寸
旋转	R	以轴心点为基准，将对象进行角度旋转设置
不透明度	T	控制对象透出底层图像的参数设置

如果要将图层中的多个变换属性同时显示，可以用框选，或配合Shift键与快捷键显示两个或两个以上的变换属性。

例如，先按P键显示出"位置"后，再按R键就只显示"旋转"属性。而按住Shift键的同时再按R键就可以同时显示"位置"属性和"旋转"属性，如图2-50（a）所示。按Alt+Shift+R组合键，可在显示旋转属性的同时自动产生一个关键帧，如图2-50（b）所示。

（a）　　　　　　　　　　　　　　　　（b）

图2-50

2.2.6 编辑动画关键帧

在为图像设置关键帧动画时，对相同的几个关键帧数值进行不同的设置，会产生不同的动画效果。例如，位置点相同的几个关键帧可产生直线运动或曲线运动，如图2-51所示。

每个关键帧都有相关设置，在时间轴的关键帧上单击右键可查看帧的相关信息或修改相关设置，如图2-52所示。

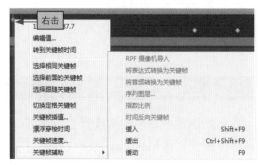

图2-51　　　　　　　　　　　　　　　图2-52

[知识演练] 关键帧插值的应用

源文件/第2章	初始文件|关键帧的插值练习.aep
	最终文件|关键帧的插值练习.aep

步骤01 打开"关键帧的插值练习.aep"项目文件，选中"女巫.png"图层的"位置"属性，然后在任一关键帧上右击，在弹出的菜单中选择"关键帧插值"命令，打开"关键帧插值"对话框，设置"空间插值"为"线性"，可看到合成窗口中的"女巫"运动路径是直线方式的，如图2-53所示。

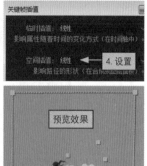

图2-53

步骤02 将"空间插值"设置为"贝塞尔曲线"，此时可以看到关键帧插补以及在"合成"面板中的运动路径又会不一样，如图2-54

（a）所示。这时可以看到"合成"窗口中的"女巫.png"的运动路径变成了曲线形状，如图2-54（b）所示。用工具栏中的钢笔工具对运动路径关键点手柄进行曲线编辑，如图2-54（c）所示。

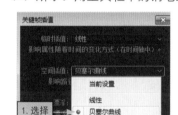
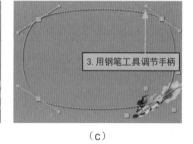

（a）　　　　　　　　（b）　　　　　　　　（c）

图2-54

步骤03 预览时可以发现，没有朝一个方向的运动，如图2-55（a）所示。在菜单栏中选择"图层"→"变换"→"自动定向"命令，在打开的"自动方向"对话框中选中"沿路径定向"单选按钮，如果要对角度进行微调，可以按Shift+R键显示出旋转属性进行调整，如图2-55（b）所示，再次预览，看到路径正确了，"女巫"始终是头朝前飞行的，如图2-55（c）所示。

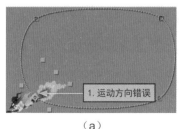
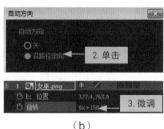
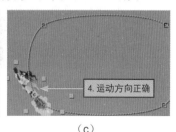

（a）　　　　　　　　（b）　　　　　　　　（c）

图2-55

图表编辑器可以查看和编辑图层的属性参数值、关键帧、关键帧插补值、帧速率等信息，它以图表的形式显示特效和动画的改变情况，包括两个内容，一个是数值图形，即要显示的当前属性参数值；一个是速度图形，显示当前属性参数值变化的速度。可以通过单击"时间轴"面板的图表按钮，将时间轴右侧的图层状态显示为图表编辑状态，如图2-56所示。

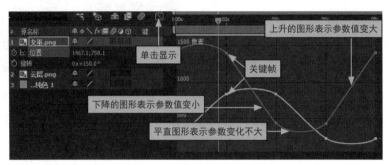

图2-56

锚点、遮罩形状、效果点控制、3D方位和位置属性等都是空间性的，在默认设置下它们使用的是速度图形，即只显示它们属性参数值的变化速度，而不是数值图形。

"大树旁的晃动黑板"关键帧动画制作

本节介绍了几种常见变换动画关键帧的操作以及结合图表编辑器的综合运用。以晃动的黑板和飘落的叶子为例，来介绍实现图像各种变换动画的具体应用及设置。具体操作步骤如下。

步骤01 新建"晃动的黑板.aep"项目文件，然后新建一个合成1，设置预设为"HDV/HDTV 720 25"，帧速率为25，持续时间为4秒，如图2-57所示。

步骤02 导入"黑板.png"和"背景.png"图层，并将其拖曳到合成1时间轴中，调整位置和缩放参数，如图2-58所示。

图2-57

图2-58

步骤03 用工具栏上的锚点工具把轴心点移到黑板左上角，如图2-59所示。

步骤04 打开"黑板"层旋转属性码表，在第0秒位置自动创建一个关键帧，并把旋转属性参数设置为25°。再依次把时间指示器指向第1秒的位置，旋转设置为-19°；第2秒旋转设置为18°；第3秒旋转设置为-12°；第4秒旋转设置为0°，如图2-60所示。

图2-59 　　　　　　　　　　　　　　　　　图2-60

步骤05 选中"黑板.png"图层的旋转属性，单击"图形编辑器"按钮，默认情况下关键帧都是硬角直线。选择"钢笔工具"，按Alt键在关键帧上单击，出现贝塞尔曲线，有两个手柄，可分别调整每个点的曲线效果，如图2-61所示。

步骤06 将"树叶"图片拖曳到合成1"时间轴"面板中，将其放在背景图层上方，轴心点移到叶子中间，设置缩放为40%，在第0秒打开"位置"和"旋转"属性的码表，自动生成关键帧。在第1秒位置打开"缩放"属性的码表，设置位置为（876，238），旋转为-128°，如图2-62所示。

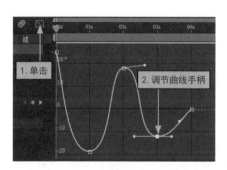

图2-61 　　　　　　　　　　　　　　　　　图2-62

步骤07 将时间指示器定位在第2秒位置，设置位置为（1044，380），缩放为50%，旋转为-218°；在第3秒设置位置为（942，586），旋转为-283°；在第4秒设置位置为（1104，856），旋转为-300°，如图2-63（a）所示，效果如图2-63（b）所示。

（a） 　　　　　　　　　　　　　　　　　（b）

图2-63

LESSON 2.3 关键帧高级动画

知识级别

□初级入门 | □中级提高 | ■高级拓展

知识难度 ★★★

学习时长 120 分钟

学习目标

① 学习剪辑素材的基本操作。
② 学习素材速度的控制。
③ 学习无级变速的应用。

※主要内容※

内　容	难　度	内　容	难　度
编辑素材的出入点	★	素材的速度控制	★★
素材的倒放	★	时间重映射	★★
静止关键帧	★★		

效果预览 > > >

2.3.1 编辑素材的出入点

在"时间轴"面板中可以将素材放置在任何需要的时间点，但在实际操作中还需要根据制作需要对素材进行剪辑。

❶放置素材

对于导入合成中的视频，要设置在时间轴的什么位置开始播放，可以通过拖动鼠标和对话框来实现。

● **拖动鼠标放置：**将时间指示器移动到第2秒的位置，按住Shift键不放将视频拖曳到至时间指示器位置，可以看到素材的入点自动吸附在目标时间上，也可以在选中视频素材的状态下按[键，将入点移到目标时间点，]键是将出点移到目标时间点，如图2-64所示。

图2-64

● **通过对话框设置放置：**单击"时间轴"面板左下栏的"出入点显示"按钮，调出"入"、"出"和"持续时间"列，单击入时间，在打开的对话框中设置开始目标的时间位置，如图2-65所示。用相同的方法设置结束位置。

图2-65

❷剪辑素材

剪辑素材是指剪辑整个素材中的某段视频来进行使用，将时间指示器移到目标时间点，再将鼠标光标移到素材的入点处，当鼠标光标变为双向箭头形状时，向右拖动鼠标到目标时间点（按Shift键将入点标记对齐到目标时间点），如图2-66所示。

或者按Alt+[组合键将素材的入点重设并对齐到目标时间点处，如图2-67所示。（按Alt+]组合键将素材的出点重设并对齐到目标时间点处）

图2-66

图2-67

也可以在"时间轴"面板中双击素材，打开预览窗口，在预览窗口中将时间指示器移到目标时间点，单击预览窗口下面的"大括号"按钮，即可将入点剪辑到当前时间，如图2-68所示。

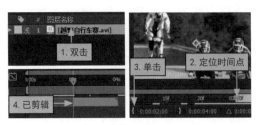

图2-68

2.3.2 素材的速度控制

在电视电影中经常能看到很多镜头出现慢动作，比如在格斗、运动或枪战画面中总有一些特写慢镜头出现，或在很多搞笑的视频中会有快放的画面，这些都与视频素材的快放和慢放有关。将入点、出点、持续时间、伸缩等栏目分别显示出来，其中的"持续时间"和"伸缩"控制着速度，具体操作步骤如下。

[知识演练] 控制视频素材的速度

源文件/第2章	视频|风车.avi
	最终文件|速度控制练习.aep

步骤01 打开"速度控制练习.aep"项目文件，在时间轴左下栏单击"时间控制"按钮，选中"风车.avi"层，如图2-69（a）所示。在"伸缩"选项栏中拖动鼠标，更改数值即可改变视频的显示速度，向左拖动为快放，向右拖动为慢放。这里将"伸缩"设置为50%，可以看到持续时间变短了1倍，如图2-69（b）所示。

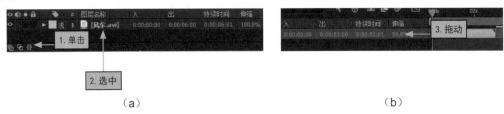

（a）　　　　　　　　　　　　　　　　　　（b）

图2-69

步骤02 单击图层的"持续时间"或"伸缩"选项栏，打开"时间伸缩"对话框，其中"拉伸因数"和"新持续时间"与时间轴中的"伸缩"和"持续时间"数据相同，这里将拉伸因素设置为120%，新持续时间随之对应变化，如图2-70所示。

图2-70

步骤03 单击"确定"按钮，关闭对话框，在时间轴中可以看到更改了时间后的视频素材以"入点"为基准对齐，视频向右伸展延长，视频速度明显变慢，如图2-71所示。

图2-71

上例中演示了通过拖动鼠标和对话框控制素材速度的相关操作，除此之外，还可以使用快捷键完成。拖动时间指示器指向出点的目标时间点，如图2-72（a）所示。选中素材并按Ctrl+Alt+,组合键，将素材"出点"移到目标时间点，并进行伸缩，如图2-72（b）所示。同样，确定入点的目标时间点后，按Ctrl+Shift+,组合键可将"入点"移动到目标时间点处，并进行伸缩。

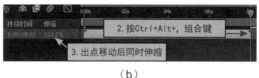

（a）　　　　　　　　　　　　　　　　（b）

图2-72

需要注意的是，"持续时间"和"伸缩"参数相互影响，数值改变对素材速度变化效果相同，同时也会影响出点的数值，但只改变"出点"的数值并不影响"持续时间"和"伸缩"两个参数，也就是不会影响素材的速度。

2.3.3 素材的倒放

素材倒放是指素材播放的开始画面和结束画面顺序被颠倒，例如向前奔跑变成倒退跑步，向上运动变成向下降落等，要倒放一段视频素材，可通过不同的方法设置。

● **通过菜单命令设置倒放：** 选中图层，预览当前素材的转向，在图层上右击，在弹出的快捷菜单中选择"时间"→"时间反向图层"命令，如图2-73所示。或者在菜单栏中选择"图层/时间/时间反向图层"命令（或按Ctrl+Alt+R快捷键）。

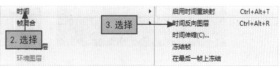

图2-73

● **通过对话框设置倒放：** 单击"持续时间"或"伸缩"选项栏，打开"时间伸缩"对话框，把"拉伸因数"设置为-100，如图2-74所示。不过这样设置后素材会被放置在时间轴左侧，可以按[键将其调整到右侧以方便操作，如图2-75所示。

图2-74 　　　　　　　　　　　　　　　　　　　　图2-75

2.3.4 时间重映射

　　时间重映射可以改变素材本身的运动速度，但不改变素材的持续时间(伸缩)，例如视频前半部分速度变快了，后半部分会自动慢下来，使总时间保持不变。这是与用"持续时间"和"伸缩"效果控制素材速度的重要区别。具体操作步骤如下。

[知识演练] 在"策马奔腾"视频中练习时间重映射操作

源文件/第2章	初始文件|时间重映射练习.aep
	最终文件|时间重映射练习.aep

步骤01 打开"时间重映射练习.aep"项目文件，选中"策马奔腾.avi"视频图层，在菜单栏选择"图层"→"时间"→"启用时间重映射"命令，在开始和结束时间点位置分别产生了两个关键帧，如图2-76所示。

图2-76

步骤02 将最后一帧移动到第2秒位置，就表示从第0秒到第5秒的视频已变为从第0秒到第2秒播放完，视频播放速度会变快，同时第2秒后的画面都会被冻结显示成第2秒时间点的定格画面，如图2-77所示。

图2-77

步骤03 将第2秒的关键帧恢复到结束时间点的位置，重新将时间指示器指向第2秒，再把时间重映射的参数值手动修改为"0:00:04:00"，即第2秒定位到了第4秒的画面，这样在第2秒的位置会自动产生一个关键帧，同时从第0秒到第2秒播放原视频前4秒的画面(速度会变快)，如图2-78

（a）所示。第2秒到第5秒会播放原视频最后1秒的画面（播放速度变慢），如图2-78（b）所示。实现了视频素材的持续时间不变（伸缩不变），而播放速度被改变。

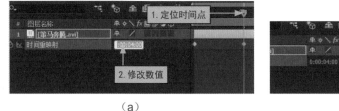

（a）　　　　　　　　　　　　　　　（b）

图2-78

2.3.5 静止关键帧

对于视频中播放的画面，有时需要播到某一帧时让其停止，以对静止画面进行特写或特效处理。

要将视频画面静止在某一帧，可先将时间指示器定格在那一帧的画面上，即先指向目标时间点位，然后选中素材，在菜单栏中选择"图层/时间/冻结帧"命令，即可将这一帧画面冻结，形成静止图像，如图2-79（a）所示。可以看到此时视频画面的这一帧图像就像一个图片层一样，无论设置多长的出点，素材的这一帧画面在整个时间轴区间都是静止的，如图2-79（b）所示。

（a）　　　　　　　　　　　　　　　（b）

图2-79

添加冻结帧后，同时在视频素材层上添加了一个关键帧的"启用时间重映射"设置项，自定义选择需要冻结的素材目标时间点及其顺序，如图2-80所示。

图2-80

实战应用 "蜂鸟镜头的无级变速" 效果制作

对于镜头的无级变速，在影视特效中经常用到，本节将使用"时间重映射""素材倒放""冻结帧"等命令并结合图表编辑器的综合运用，实现蜂鸟镜头的无级变速效果。

源文件/第2章	视频|蜂鸟.avi
	最终文件|无级变速.aep

步骤01 新建"无级变速.aep"项目文件，再新建一个合成1，设置预设为"HDTV 1080 25"，帧速率为25，持续时间22秒，然后导入"蜂鸟.avi"视频，并将素材拖曳到合成1的时间轴中，如图2-81所示。

合成预设中的画面分辨率可根据电脑配置和制作需求选择。如果电脑配置低，可选择"HDV/HDTV 720 25"或更低，以降低显示质量，提高运行速度。

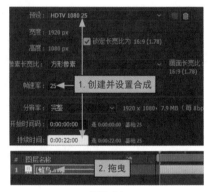

图2-81

步骤02 预览视频，可以看到画面很规律的匀速运动，选中"蜂鸟.avi"图层，单击右键，在弹出的快捷菜单中选择"时间"→"启用时间重映射"命令，在视频素材的开始点和结束点分别自动产生了一个关键帧，如图2-82所示。

图2-82

步骤03 在"时间轴"面板中选择"时间重映射"属性，单击"图标编辑器"按钮打开图表编辑器，如图2-83所示。

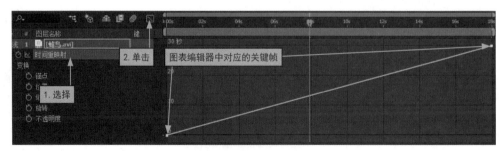

图2-83

步骤04 单击图表编辑器下方的"选择图表类型和选项"下拉按钮，在弹出的下拉菜单中的"编辑值图表"选项左侧添加"√"，取消其他选项左侧的"√"标记，如图2-84（a）所示。分别在第6秒、第8秒、第12秒和第14秒添加4个关键帧，如图2-84（b）所示。

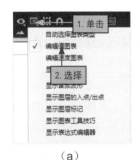
（a）

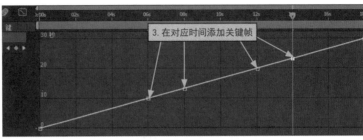
（b）

图2-84

步骤05 在图表编辑器的时间轴中，关键帧之间是线性方式直线过渡，将第2个和第4个关键帧移到顶部，将第3个和第5个关键帧移到底部（移动关键帧时按Shift键可保持准确定位），如图2-85所示。

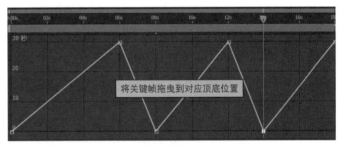

图2-85

步骤06 在合成窗口中预览，可以看到蜂鸟的运动画面有明显的加快，且是重复和倒放的无规则运动，双击打开该视频素材，播放时在图层窗口中可以看到两个时间指示线，下面的时间指示是当前时间的播放进度，上面的时间指示是当前画面所对应的原来的时间点，如图2-86所示。

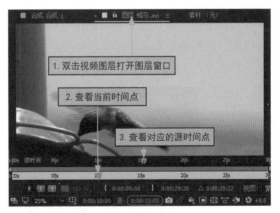

图2-86

步骤07 选中所有关键帧，单击图表编辑器下面的"缓动"按钮，将关键帧之间的动画变成以曲线方式进行变化，如图2-87所示。

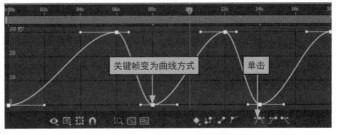

图2-87

步骤08 用钢笔工具在第10秒的曲线位置上添加一个关键帧，并将其移动到顶部，这样第10秒到第12秒之间变成了水平直线，这段区间相当于冻结帧的效果，第10秒到第12秒的画面都定格在了第10秒的画面，如图2-88所示。

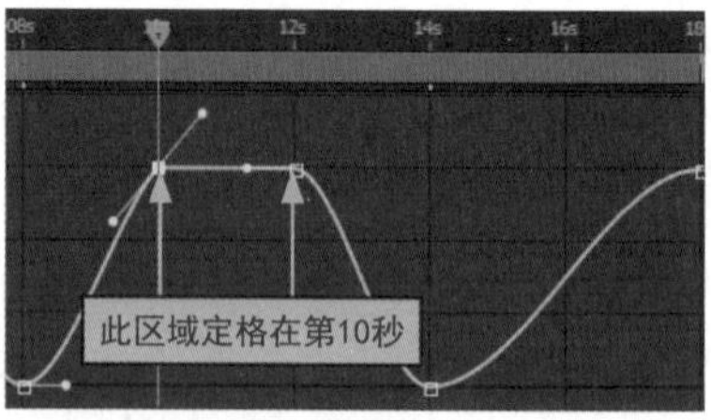

图2-88

步骤09 单击图表编辑器下方"选择图表类型和选项"下拉按钮，选择"显示图层的入点/出点"命令，此时会在曲线上显示图层入点和出点，如图2-89（a）所示。将时间移到合成1的最后时间点，选中素材层，并按Alt+]组合键，将出点剪辑到合成时间轴的最后，如图2-89（b）所示。在预览效果时会发现从第18秒到合成时间轴的最后时间点为最后一帧的静止画面，如图2-89（c）所示。

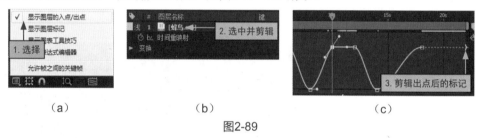

（a）　　　　　　　　　（b）　　　　　　　　　（c）

图2-89

步骤10 单击"选择图表类型和选项"下拉按钮，选择"显示图表工具技巧"选项，此时将鼠标光标指向动画曲线时会显示相关指示信息，如图2-90所示。

步骤11 单击"选择图表类型和选项"下拉按钮，选择"编辑速度图表"和"显示参考图表"选项，此时会自动取消"编辑值图表"选项左侧的"√"标记，如图2-91所示（虽然这两个图表都会显示出来，但只能编辑选择的图表选项，另一个图表选项只能作参考，将鼠标光标指向曲线时，会显示当前时间动画速率的值）。

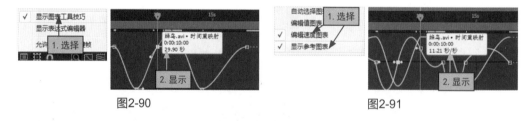

图2-90　　　　　　　　　　　　　　图2-91

步骤12 在"时间轴"面板中单击"图标编辑器"按钮关闭图表编辑器，返回"时间轴"面板常规的图层显示状态，可以看到其对应的持续时间及关键帧状态，如图2-92（a）所示。播放视频，可以看到蜂鸟的镜头感更加强烈和生动，运动速度和节奏都有了起伏和顿挫感，如图2-92（b）所示。

（a）　　　　　　　　　（b）

图2-92

LESSON 2.4 运动跟踪与稳定

知识级别

□初级入门 | □中级提高 | ■高级拓展

知识难度 ★★★★

学习时长 180 分钟

学习目标

① 学习不同运动跟踪的应用。
② 学习运动稳定器的应用。
③ 学习平滑器和摇摆器的应用。

※主要内容※

内 容	难 度	内 容	难 度
认识运动跟踪	★★★	摇摆器的应用	★★
位置跟踪的应用	★★★	跟踪的综合应用	★★★
运动稳定器的应用	★★★	平滑器的应用	★★

效果预览 > > >

2.4.1 认识运动跟踪

After Effects的运动跟踪功能非常强大，它可以根据在一个关键帧中的选择区域匹配像素来跟踪后续帧中的运动，再使用"运动稳定器"和"平滑器"进一步调整和设置运动跟踪产生的关键帧。

除了可以对画面中物体的位置移动进行跟踪之外，还可以对物体的旋转角度、大小变化、模仿边角和透视边角等进行运动跟踪。运动跟踪的对象为运动的视频画面，并且在画面中有明显的运动物体显示，而对于静止的图像或没有明显运动轨迹的视频素材无法进行运动跟踪。

在跟踪之前需要在视频画面上定义跟踪范围，跟踪范围由两个方框和一个十字线构成，外面的方框为特征区域（模糊搜索区），里面的方框为搜索区域（精确搜索区），即精确搜索区如果搜索不到跟踪点会在模糊搜索区进行搜索匹配，中间的十字线为跟踪点。

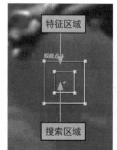

图2-93

运动跟踪的画面和面板，如图2-93所示。

特征区域和搜索区域由封闭的方框构成，通过调整4个顶点来改变其大小，跟踪点与其他图层的轴心点或效果点相连，其他图层可与跟踪的运动结果保持关联。

整个跟踪过程中起决定作用的是特征区域和搜索区域，十字线的跟踪点在跟踪过程中不起作用，它在特征区域或搜索区域的内部或外部，通过它可以反映出跟踪结果的数值。

跟踪面板上主要项目名称和作用见表2-6。

表2-6

名　称	作　用	名　称	作　用
跟踪运动	用于显示运动跟踪操作的内容	稳定运动	用于显示稳定跟踪的操作内容
运动源	用于跟踪源素材	当前跟踪	用于当前的跟踪轨迹
跟踪类型	跟踪轨迹的类型，包括5个选项	位置	用于进行位置变换的跟踪操作
缩放	用于大小缩放的跟踪操作	旋转	用于进行旋转变换的跟踪操作
编辑目标	用于选择运动的目标图层	选项	用于跟踪的相关设置选项。
分析	用于跟踪的区域进行前后分析和跟踪	重置	用于对面板上的参数进行重新设置
应用	应用面板上的设置		

在"跟踪器"面板中单击"选项"按钮，打开"动态跟踪器选项"对话框，在其中可以进行跟踪的设置，如图2-94所示，名称及作用见表2-7。

图2-94

表2-7

名　称	作　用
轨道名称	当前跟踪轨迹名称
通道	对视频画面中的RGB通道、亮度通道或对比度进行追踪
匹配前增强	是否对所跟踪的画面进行模糊或增强等预先处理
跟踪场	是否跟踪场
子像素定位	是否启用子像素配置
自适应特性	是否适配全部帧的特征

2.4.2 位置跟踪的应用

位置跟踪指特征区域的位置可以把一个素材层或某些效果点连接到跟踪点上，位置跟踪只有一个跟踪区域，因此当物体产生倾斜或透视效果时，该跟踪不会使连接的素材发生变化。

[知识演练] 飞鸟与滑翔伞的位置跟踪

源文件/第2章	视频|滑翔伞.mp4、飞鸟带通道.avi
	最终文件|位置跟踪.aep

查看视频文件夹中"滑翔伞.mp4"和"飞鸟带通道.avi"两个视频文件，可以看到滑翔伞是一段匀速向前的动画，飞鸟是一段带透明信息的原地动画，现在用位置跟踪的方式使飞鸟跟随滑翔伞一起飞行运动。

步骤01 新建"位置跟踪.aep"项目文件，新建一个合成 1，设置预设为"HDTV 1080 25"、帧速率为25、时间长度为7秒，然后将"滑翔伞.mp4"和"飞鸟带通道.avi"素材拖曳到时间轴中。选中"滑翔伞.mp4"视频层，在菜单栏中选择"窗口"→"跟踪器"命令，打开"跟踪"面板，单击"跟踪运动"按钮，运动源自动默认为"滑翔伞.mp4"层，同时会自动切换到"滑翔伞.mp4"层预览窗口，如图2-95所示。

图2-95

步骤02 将时间移动到第 1 秒，再将层窗口放大显示，然后拖动"跟踪点1"线框里的区域，将线框移至滑翔伞前面的黑点位置，调整线框的4个顶点，使特征区和搜索区都缩放到跟踪点或区域的合适位置，如图2-96所示。

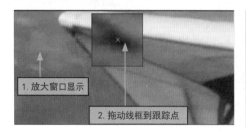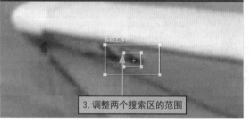

图2-96

步骤03 将时间指示器移动到第0秒位置，在"跟踪控制"面板中单击"分析"按钮，软件自动进行运动跟踪运算，如图2-97所示。第0秒到最后结束，可以看到图像中的跟踪轨迹和密密麻麻的关键帧，因为在每一帧的"跟踪点1"都会产生关键帧，展开"滑翔伞.mp4"层下面的跟踪点1，可以看到其从第0秒到结束的每一帧均记录了关键帧。不过展开"飞鸟带通道.avi"层的变换参数，可以看到此图层暂时还没有变化，如图2-98所示。

图2-97   图2-98

步骤04 在"滑翔伞.mp4"层的"跟踪控制"面板中单击"编辑目标"按钮，在打开的对话框中选择飞鸟层，如图2-99（a）所示。在"跟踪控制"面板中单击"应用"按钮，打开"动态跟踪器应用选项"对话框中，在"应用维度"下拉列表框中保持"X 和 Y"选项的选中状态，单击"确定"按钮，如图2－99（b）所示。

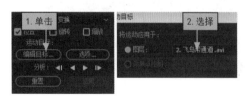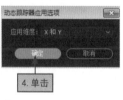

（a）   （b）

图2-99

步骤05 在"时间轴"面板中可以看到，"飞鸟带通道.avi"层变换下的"位置"参数从第0秒至结束，每帧都建立了与"滑翔伞.mp4"层下的"功能中心"相同的关键帧，如图2-100所示。

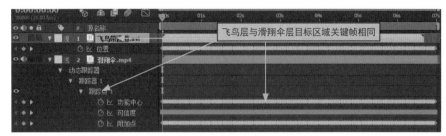

图2-100

步骤06 在合成预览窗口中可以看到"飞鸟带通道.avi"层位置比较靠前且方向不对，如图2-101（a）所示。手动调整，在"变换"列表框中修改"锚点"和"缩放"的数值，如图2-101（b）所示，效果如图2-102所示。

（a）

（b）

图2-101

图2-102

将跟踪器1展开，可以看到有多项参数，如图2-103所示，名称和作用见表2-8。

图2-103

表2-8

名　称	作　用
功能中心	运动跟踪的位置点
功能大小	跟踪所确定的目标范围大小
搜索位移	跟踪目标位置偏移的大小
搜索大小	在指定范围内进行搜索
可信度	搜索目标有差异时的准确性百分比
附加点	依据锚点进行目标跟踪
附加点位移	依据锚点确定目标位置的偏移

可以看到"滑翔伞"层下同时记录了3项参数关键帧，"功能中心""可信度"和"附加点"，其中功能中心和附加点的关键帧数值相同，是位置关键帧。这些位置关键帧就是跟踪"滑翔伞"时的画面坐标，X与Y的坐标值从第0秒至结束全部以关键帧方式记录下来。这里需要注意的是在用搜索区域定位跟踪点时，最好选择有明显运动轨迹的，比如跟踪点的颜色或明暗度有明显的运动轨迹。

另外，在跟踪关键帧时不用每次单击"编辑目标"按钮来设置，也可以打开要跟踪的图层的位置码表，再打开表达式状态和父级，如图2-104所示。用前面介绍的图层父子关系，将图层链接到已经运算过跟踪图层的"功能中心上"，这样也能实现位置的跟踪，如果在上例中再添加一只飞鸟2，并将其链接到滑翔伞"功能中心"上，同样能实现跟踪效果，通过改变"锚点"将它们进行错位即可，如图2-105所示。

图2-104

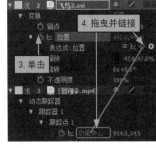

图2-105

2.4.3 跟踪的综合应用

除上面的位置跟踪外，常用的还有旋转、缩放和透视等跟踪方式，可以将跟踪目标的旋转、缩放和透视的运动复制到其他层上面，不同于位置跟踪的是，这些跟踪同时应用于2~4个搜索区域，这些跟踪区域之间的轴线决定了与其连接的素材层的角度。其中透视跟踪的四点跟踪最为常用，也综合了其他跟踪的优点。具体操作步骤如下。

[知识演练] 运动跟踪综合应用练习

源文件/第2章	视频|越野赛骑手.mp4
	图片|火焰.png
	最终文件|运动跟踪综合应用.aep

步骤01 新建"运动跟踪综合应用.aep"项目文件，新建"合成1"，导入"越野赛骑手.mp4"和"火焰.png"素材并拖曳到时间轴中。在"跟踪器"面板上，选中"越野赛骑手.mp4"视频层，单击"跟踪运动"按钮，如图2-106所示。

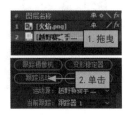

图2-106

步骤02 在"跟踪类型"下拉列表框中选择"透视边角定位"选项，此时预览窗口自动切换到"越野赛骑手.mp4"窗口中，并显示出4个跟踪点，把跟踪点调整到画面中骑手头盔位置（这里要选择一些颜色分明的区域以便后面跟踪需要），如图2-107所示。

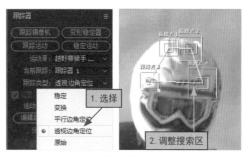

图2-107

步骤03 在时间轴中将时间指示器调整到第0秒，在"跟踪"面板中单击"选项"按钮，在打开的对话框中将通道设置为RGB，选中"匹配前增强"和"子像素定位"复选框，如图2-108（a）所示。单击"应用"按钮，返回"跟踪"面板，单击"向前分析"按钮开始进行跟踪运算并产生关键帧，效果如图2-108（b）所示。

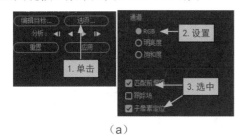

（a）

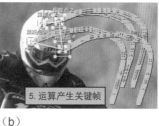

（b）

图2-108

步骤04 在"跟踪"面板中单击"编辑目标"按钮，在打开的对话框中选择"火焰.png"图层，单击"应用"按钮，将跟踪关键帧应用到图层上，增加"边角定位"特效，如图2-109所示。

步骤05 在图层上选中各边角定位，分别调整"左上、右上、左下、右下"等位置，使图片符合头盔的范围区域，然后把"火焰.png"图层混合模式设置为"相乘"，使头盔与火焰图标融合得更加自然，如图2-110所示。

图2-109

图2-110

步骤06 火焰图标已经贴在头盔上跟随骑手运动，如图2-111所示。

图2-111

2.4.4 运动稳定器的应用

在前期的素材拍摄过程中，如果没有用三脚架等设备，而是用手持、肩扛拍摄，或是在车上、船上等不稳定的环境中拍摄，那么画面就会出现颤抖，使用稳定跟踪功能可以对这样的视频画面进行平稳处理。

稳定跟踪的参数与运动跟踪相似，使用同一个操作面板，直接单击"稳定运动"按钮即可。根据视频画面颤动的方式，可以进行多种类型的稳定操作。对于位置、角度和大小的变化可以进行单独操作，也可以进行综合操作。具体操作步骤如下。

[知识演练] 稳定跟踪的练习

源文件/第2章	视频|沙漠.mp4
	最终文件|稳定跟踪.aep

步骤01 新建"稳定跟踪.aep"项目文件，导入"沙漠.mp4"文件，新建合成，并把素材拖曳到时间轴中，选中"沙漠.mp4"层，打开"跟踪器"面板，单击"稳定运动"按钮，设置"跟踪类型"为"稳定"，选中"位置""旋转""缩放"复选框（这些选项可根据视频中具体情况确定是否选中），此时会自动切换到"沙漠.mp4"预览窗口中，画面中会显示两个跟踪点，如图2-112所示。

步骤02 在画面中挑选两个跟踪点（有明显运动轨迹的点），可以将两个跟踪线框分别移到人的头部和远处的山尖上进行定位，如图2-113所示。

图2-112　　　　　　　　　　　　　　　　　图2-113

步骤03 将时间指示器指向第0秒的位置，在"跟踪器"面板中单击"选项"按钮，在打开的对话框中设置通道为"RGB"，选中"匹配前增强"复选框，单击"应用"按钮。在"跟踪器"面板中单击"向前分析"按钮，软件开始跟踪运算，产生跟踪点1和跟踪点2的关键帧，如图2-114所示。

步骤04 在"跟踪器"面板中单击"应用"按钮，在打开的"动态跟踪器应用选项"对话框中设置应用维度为"X和Y"，单击"确定"按钮，如图2-115所示。

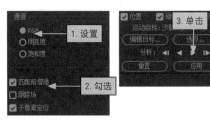

图2-114

图2-115

步骤05 此时可看到在时间轴中为"沙漠.mp4"层的锚点、位置、旋转、缩放都建立了关键帧。其中位置用了一个关键帧在起始处确定位置，这个关键帧对于后面调整镜头有重要的作用，如图2-116所示。

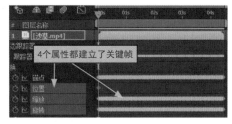

图2-116

步骤06 播放预览效果，已经消除了画面的摇晃效果和画面缩放，比只用一个点的稳定效果更好，不过在预览中发现有穿帮镜头，如图2-117所示。选中缩放属性，可以看见所有关键帧被选中了，调整锚点和缩放参数，放大整个画面，效果如图2-118所示。

图2-117

图2-118

2.4.5 平滑器的应用

在跟踪运动、稳定运动、关键帧动画等操作中，在相应的层中逐帧添加，会产生大量的关键帧，影响运行速度，降低工作效率。因此需要在保持动画效果的基础上减少这些关键帧的数量。减少关键帧的方法有两种，一是手工删除关键帧，二是使用平滑器功能自动精简关键帧。

以2.4.2节中的"位置跟踪.aep"为例，如果是手动简化关键帧，在设置位置属性后，可自定义删除任意关键帧，但不能只留下开始和结束两个关键帧，否则跟踪效果会出问题，只能有选择性地留下重要关键帧，以保持画面效果不出现偏差。如果在减少关键帧以后动画效果出现跳动情况，可把线性关键帧转换成曲线关键帧，这样能使运动路径更为平滑。

使用平滑器功能自动精简关键帧的具体操作步骤如下。

[知识演练] 自动精简关键帧练习

源文件/第2章	初始文件|自动精简关键帧练习.aep
	最终文件|自动精简关键帧练习.aep

步骤01 打开"自动精简关键帧练习.aep"项目文件，选中"沙漠.mp4"层，在菜单栏中选择"窗口/平滑器"命令，打开"平滑器"面板，如图2-119所示。

步骤02 在"时间轴"面板中选中"沙漠.mp4"层，展开变换目录，并设置锚点属性，如图2-120所示。

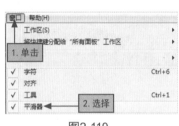
图2-119

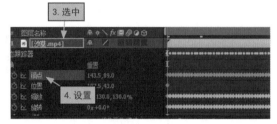
图2-120

步骤03 在"平滑器"面板中将"容差"设置为0，单击"应用"按钮，查看时间轴中的关键帧，有少量关键帧被精简删除，如图2-121所示。

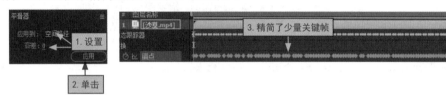
图2-121

步骤04 按Ctrl+Z组合键把关键帧恢复到未删除状态，设置"容差"为2，单击"应用"按钮，查看时间轴中的关键帧效果。容差数值越大，关键帧被删除的数量就越多，动画效果与原来未删除关键帧时的效果差别也越大，如图2-122所示。

图2-122

步骤05 也可以只选中部分关键帧进行平滑操作，首先恢复关键帧到未删除状态，在时间轴中选中前一部分关键帧，然后在"平滑器"面板中将容差设置为2，单击"应用"按钮，此时可看到只有前一部分关键帧被精简，如图2-123所示。

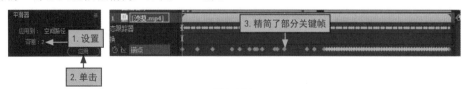
图2-123

2.4.6 摇摆器的应用

与稳定器相反，摇摆器可以让稳定的画面产生摆动的效果，此效果可以使动画更逼真，在菜单栏中选择"窗口"→"摇摆器"命令，打开"摇摆器"面板，设置相关参数，如图2-124所示，名称和作用见表2-9。

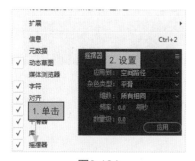

图2-124

表2-9

名　称	作　用
应用到	可选择效果应用在空间路径还是时间图表上
杂色类型	有"平滑"和"锯齿"两个下拉选项，可影响摆动效果
维数	摆动的坐标系统范围，可选择同向或各自独立
频率	设置每秒的摆动频率数值，单位为秒
数量级	摆动的强度

具体操作步骤如下。

[知识演练] 摆动效果的练习

源文件/第2章	视频|机场.mp4
	最终文件|摆动效果的练习.aep

步骤01 新建"摆动效果的练习.aep"项目文件，新建"合成1"，设置预设为"HDTV 1080 25"，帧速率为25，持续时间为18秒，导入"机场.mp4"视频素材，并将素材拖入合成1"时间轴"面板中，打开"摇摆器"面板，如图2-125所示。

图2-125

步骤02 在"时间轴"面板中按P键展开层的位置属性，将时间指示器移至第0秒，单击位置前的码表，添加一个关键帧，然后将时间指示器移至最后一秒，再添加一个相同数值的关键帧，如图2-126所示。

图2-126

步骤03 单击位置属性名称，将两个关键帧选中，在"摇摆器"面板中设置"应用到"为"空间路径"，"杂色类型"为"平滑"，"维度"为"所有相同"，"频率"为每秒5帧，"数量级"为10，单击"应用"按钮，此时在时间轴的两个关键帧之间每隔5帧都添加了一个位置变化的关键帧，如图2-127所示。

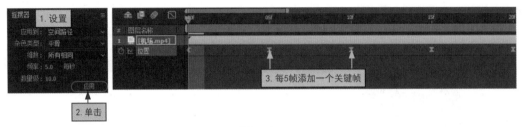

图2-127

步骤04 在"合成"面板中播放预览效果，可以看到画面只有轻微摆动，这是因为其"维度"设置中的X轴和Y轴相同，所以其摆动始终指向一个方向，且频率和数量级都不高，所以摆动不大，如图2-128所示。

图2-128

步骤05 重新设置"应用到"为"空间路径"，"杂色类型"为"成锯齿状"，"维度"设为"全部独立"，"频率"为每秒25帧，"数量级"为20，单击"应用"按钮，这样在时间轴的两个关键帧之间，每一帧都添加了一个位置变化的关键帧，如图2-129所示。

图2-129

步骤06 在"合成"面板中预览效果，有穿帮镜头，调整画面的缩放属性，如图2-130所示。现在可以看到各方向都在快速摆动，因为其维度中的X轴与Y轴各不相同，所以摆动方向随机不定，另外其频率和数量级相对较大，所以摆动幅度也很大，效果如图2-131所示。

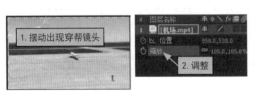 

图2-130　　　　　　　　　　图2-131

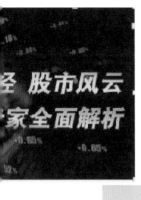

第3章

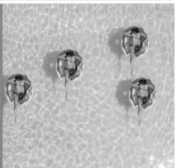

文本动画与画笔
的应用

学习目标

　　文字无论是在平面设计中，还是在多媒体制作中，都有着非常重要的作用，不仅具有说明、注解的基本功能，还可以对整个视频画面进行构图、色彩、节奏等方面的调节和修饰。绘画处理的则是矢量类型的画面，每个笔画和擦除都被单独记录，且可随时删除。本章将学习文本层的基本操作和动画制作，以及绘画面板的使用。

本章要点

◆ 文本的不同创建方式
◆ 文本层的常用编辑
◆ 文本的基本动画制作
◆ 动画画笔笔触的应用
◆ 仿制图章工具的使用
⋯⋯

3.1 文本层基本操作

知识级别

■初级入门 | □中级提高 | □高级拓展

知识难度　★★

学习时长　100 分钟

学习目标

① 学习用不同方式创建文本。
② 学习文本段落的输入与对齐。
③ 学习编辑文本。

※主要内容※

内　容	难　度	内　容	难　度
文本的创建方式	★	输入段文本与范围框调整	★
文本的编辑	★★	段落文字对齐	★

效果预览 > > >

3.1.1 文本的创建方式

在After Effects中，既可以直接在窗口中输入文本并进行编辑，也可以从菜单命令中选择添加文本层，它的高级格式选项可以方便地设置每个字符的布局。具体操作步骤如下。

[知识演练] 用不同方式创建文本

源文件/第3章	无
	最终文件|文本创建练习.aep

步骤01 新建"文本创建练习.aep"项目文件，并新建"合成1"，设置"预设"为"HDTV 1080 25"，"帧速率"为25。再新建一个黑色固态层，在菜单栏中选择"图层"→"新建"→"文本"命令，或者在"时间轴"面板空白处右击，在弹出的快捷菜单中选择"新建"→"文本"命令，如图3-1（a）所示，此时会在时间轴中自动创建一个文字层，处于输入状态，如图3-1（b）所示。

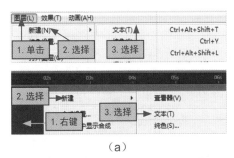

（a）

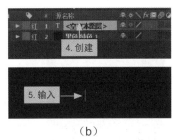

（b）

图3-1

步骤02 在"合成"面板中输入需要的文本"After Effects CC"，按小键盘的Enter键，或在"时间轴"面板中单击，都可结束输入状态，然后在"字符"面板中进行各种设置，如图3-2所示。

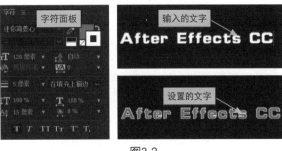

图3-2

步骤03 在工具栏中选择直排文字工具，在"合成"面板中单击后便可输入文字，这是最常用的一种方式，如图3-3所示。

图3-3

步骤04 输入文字后，再次选择文本工具，双击文本层，使光标处于输入状态，拖动鼠标选择其中的部分文字，如图3-4（a）所示。在"字符"面板中可以对文字进行不同的设置，如图3-4（b）所示。

（a）

（b）

图3-4

知识延伸 | 通道曲线的划分

在合成预览窗口的下方单击"选择网格和参考线"下拉按钮，在弹出的下拉列表中选择"标题/动作安全"选项，如图3-5（a）所示。使用非线性软件或合成软件制作电视节目，收看的效果会比制作时的画面小一些。安全框内的画面和文字能在大多数电视中正常显示出来，因此在制作过程中或输出时要将最重要的图像信息和字幕放在相应的安全范围内，如图3-5（b）所示。

（a）

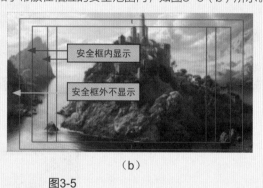

（b）

图3-5

3.1.2 输入段文本与范围框调整

段文本的输入和点文本的操作过程基本相同，但在输入段文本时，需要先使用文本工具在合成窗口中拖曳一个范围框出来，具体操作步骤如下。

[知识演练] 建立段落文本

源文件/第3章	无
	最终文件|建立段落文本.aep

步骤01 新建"建立段落文本.aep"项目文件，并新建"合成1"，设置"预设"为"HDTV 1080
25"，"帧速率"为25。再新建一个黑色固态层，在工具栏中选择直排文字工具，在"合成"
面板中绘制一个矩形文本框，如图3-6（a）所示。在文本框内输入文字，如图3-6（b）所示。

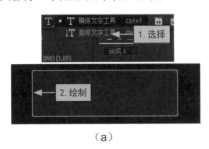
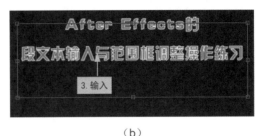

（a）　　　　　　　　　　　　　　　　（b）

图3-6

步骤02 再次选择文本工具，在窗口中单击文本或双击文本层，使光标进入输入状态，输入所
需文本或对部分选中文本编辑后，按小键盘的Enter键结束输入状态，拖动锚点调整大小，如
图3-7（a）所示。文字过多或文本框过小时，超出文本框的文字将不会被显示出来，如图3-7
（b）所示。

（a）　　　　　　　　　　　　　　　　（b）

图3-7

3.1.3 文本的编辑

　　输入文本后，可以对单个文字或者整段文字进行编辑，如设置字体字号、字体颜色和
文字间距等属性，具体操作步骤如下。

[知识演练] 文字编辑练习

源文件/第3章	图片|废墟.jpg
	最终文件|文本编辑练习.aep

步骤01 新建"文本编辑练习.aep"项目文件，并新建"合成1"，设置"预设"为"HDTV 1080
25"，"帧速率"为25，导入"废墟.jpg"图片，将其拖曳到合成的时间轴中作为背景，创建
文本层，输入"遗落战境"文本后按主键盘的Enter键后转到下一行，接着输入"绝地反击"文
本，再按主键盘的Enter键转到下一行，输入"After Effects CC文字"，如图3-8所示。

图3-8

步骤02 按小键盘的Enter键选择文本层，在"段落"面板中单击"居中"按钮。选择"遗落战境"和"绝地反击"文本，在"字符"面板中单击"字体"下拉列表框右侧的下拉按钮，选择"迷你霹雳体"字体，再将第3行的"After Effects CC"文本设置为"微软雅黑"，如图3-9所示。

图3-9

步骤03 选择第1行的"遗落战境"文本，将字体大小设置为120，用相同的方法分别将第2行和第3行文本的字体大小设置为70和80，如图3-10所示。

图3-10

步骤04 选择"遗落战境"文本，在"字符"面板中单击"填充颜色"按钮，在打开的对话框中将颜色设置为褐色(RGB：87，71，64)，如图3-11所示。用相同的方法将第2行文本的颜色设置为暗红色（RGB：109，29，29）。

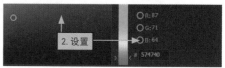

图3-11

步骤05 选择第1行文字，在"字符"面板中单击"描边颜色"按钮，在打开的对话框中将"描边颜色"设置为浅蓝色（RGB：199，218，249），关闭对话框。在返回的描边宽度下拉列表框中设置"宽度"为3，将"描边"和"填充顺序"设置为"在填充上描边"，如图3-12所示。用相同的方法将第2行文字的"描边颜色"设置为纯白，"描边宽度"设置为1。

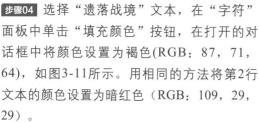
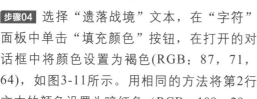
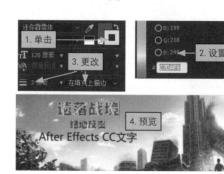

图3-12

步骤06 在"合成"窗口下方单击"选择网格和参考线选项"下拉按钮，选择"对称网格"选项，此时在"合成"窗口中显示出网格参考线，查看文字的位置情况，在"字符"面板的"设置基线"上按住鼠标拖动数值，移动选中行的文字，如图3-13所示。

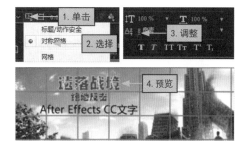

图3-13

3.1.4 段落文字对齐

在AE中，对齐方式可以对整段内容设置，也可以对最后一行设置，如图3-14所示。具体操作步骤如下。

图3-14

[知识演练] 段落的对齐练习

源文件/第3章	图片|人工智能.jpg
	最终文件|段落的对齐练习.aep

步骤01 新建"段落的对齐练习.aep"项目文件，并新建"合成1"，导入"人工智能.jpg"图片，并拖曳到合成时间轴中作为背景，新建文本层，输入相应的文本内容，如图3-15所示。

步骤02 选中文本层，在"字符"面板中，设置字体为宋体，文本大小为58。在"段落"面板中分别设置对齐方式为文本左对齐、文本居中、文本右对齐，如图3-16所示。

图3-15

图3-16

步骤03 最后一行左对齐、最后一行居中、最后一行右对齐和两端对齐，如图3-17所示。

图3-17

LESSON 3.2 文本的动画操作

知识级别

□初级入门 | ■中级提高 | □高级拓展

知识难度 ★★★

学习时长 150 分钟

学习目标

① 学习常规的文本动画制作。
② 学习文本的路径动画制作。
③ 学习使用文本的动画预设。

※主要内容※

内　容	难　度	内　容	难　度
常规文本动画制作	★	文本路径动画制作	★★
使用文本动画预设	★	综合文本动画制作	★★★

效果预览 > > >

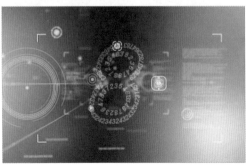

3.2.1 常规文本动画制作

在After Effects中还有更强大的文字动画功能，在时间轴中展开文字层下面的文本，可查看下面的设置选项。

❶为文字添加不透明度动画

与图层的不透明度类似，也可以对文字的不透明度和透明度进行动画设置。

[知识演练] 为财经片头文字制作文字不透明度动画

源文件/第3章	初始文件|文字的透明度动画.aep
	最终文件|文字的透明度动画.aep

步骤01 打开"文字基础动画.aep"项目文件，如图3-18、图3-19所示。

步骤02 单击"动画"旁的右箭头按钮，在弹出的下拉菜单中选择"不透明度"命令，为文字添加一个"动画制作工具1"，在动画制作工具1下将"不透明度"设置为100%，如图3-20所示。

图3-18　　　　　　　图3-19

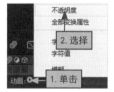 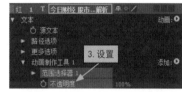

图3-20

步骤03 将时间移到第12帧处，在"范围选择器1"下单击"起始"前面的码表，添加一个关键帧，当前数值为0%，如图3-21（a）所示。再将时间移到第3秒处，将"起始"设置为100%，并在此处自动记录关键帧。查看效果，文字从第一个开始，被自动逐个显示出来，如图3-21（b）所示。

 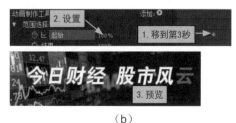

（a）　　　　　　　　　　　　　　　（b）

图3-21

给文字添加动画制作工具后，文本层下面会生成一个"动画制作工具1"的属性，将其展开后，里面有许多参数，如图3-22所示。这些参数都有码表，用于设置动画关键帧。范围选择器下的起始、结束和偏移这3个属性，可以控制添加在动画制作工具下的所有属性参数。动画制作工具中各参数名称和作用见表3-1。

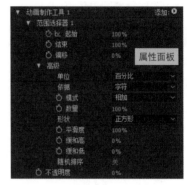

图3-22

表3-1

参数名称	作　用	参数名称	作　用
动画制作工具1	为文本层添加的动画命名，连续添加动画则命名为"动画制作工具2""动画制作工具3"等	添加	单击右箭头按钮，在弹出的菜单内有两组类别的动画设置项，第一组为属性，第二组为选择器，每组又包含下级菜单的动画设置项
范围选择器1	如果在动画制作工具1右侧单击右箭头按钮，在弹出的菜单中选择第一组属性下的某一项时，将都显示在范围选择器1之下	起始	开始百分比
结束	结束百分比	偏移	偏移百分比
高级	其下包含高级部分的设置	单位	其后有百分比和索引两个选项
依据	其后有字符、不包含空格的字符、词和行4个选项	模式	其后有相加、相减、相交、最小值、最大值和差值6种模式
数量	数量百分比	形状	其后有正方形、上斜坡、下斜坡、三角形、圆形和平滑6个形状选项
平滑度	平滑百分比	缓和高	放高百分比
缓和低	放低百分比	随机排序	随机顺序开关，打开时其下还将新增一项"随机植入"数量设置
不透明度	当前动画制作工具1中的添加动画参数项		

❷为文字添加位置动画

和透明度动画相似，也可以为文字添加位置动画，可让文字产生渐入的动画效果。具体操作步骤如下。

[知识演练] 为财经片头文字添加位置动画

源文件/第3章	初始文件|为文字添加位置动画.aep
	最终文件|为文字添加位置动画.aep

步骤01 打开"为文字添加位置动画.aep"项目文件，单击"动画"旁的右箭头按钮，在弹出的下拉菜单中选择"位置"命令，为文本层添加"动画制作工具1"，如图3-23所示。

图3-23

步骤02 在动画制作工具1下将"位置"设为（1388，0），将其平移至合成画面的右侧，放置在屏幕显示之外，如图3-24（a）所示。将时间移到第12帧处，在"范围选择器1"下单击"起始"前面的码表，添加一个关键帧，当前数值为0%，将时间移到第2秒处，增大起始的数值，使第1行的"今日财经 股市风云"文本接连飞回屏幕内的原来位置，第2行的"专家全面解析"文本还在屏幕之外，"起始"为61%，同时在此处自动记录关键帧，如图3-24（b）所示。

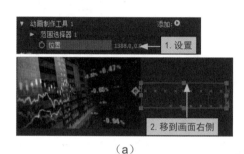

（a）　　　　　　　　　　　　　　　　　（b）

图3-24

步骤03 将时间移到第2秒12帧处，单击"起始"最左侧的"添加帧"按钮，为其添加一个关键帧，此时"起始"的数值与上一关键帧相同，如图3-25所示。

图3-25

步骤04 将时间移到第3秒10帧处，将"起始"设置为100%，让第2行的"专家全面解析"文本也接连飞回屏幕内的原来位置，如图3-26所示。

图3-26

步骤05 查看预览窗口中的效果，文字逐个接连从屏幕的右侧飞入，在飞完第1行文字后有一个短暂的间隔，然后继续飞完第2行的文字，如图3-27所示。

图3-27

❸ 为文字添加缩放与旋转动画

还可以添加多个动画制作工具，再在这些工具下添加不同的属性，来操作同一个文字不同的动画效果。具体操作步骤如下。

[知识演练] 为财经片头文字添加缩放与旋转动画

源文件/第3章	初始文件|为文字添加缩放与旋转动画.aep
	最终文件|为文字添加缩放与旋转动画.aep

步骤01 打开"为文字添加缩放与旋转动画.aep"项目文件，单击"动画"旁的右箭头按钮，在弹出的下拉菜单中选择"缩放"命令，为文本层添加"动画制作工具1"，如图3-28所示。

图3-28

步骤02 在动画制作工具1下将"缩放"设置为0%，将其缩小到在屏幕中不显示的状态，如图3-29（a）所示。再将时间移到第12帧处，在"范围选择器1"下单击"起始"前的码表，添加一个关键帧，当前数值为0%，再将时间移到第3秒处，将"起始"设置为100%，让文字逐个放大到原来的大小，如图3-29（b）所示。查看效果，文字逐个从屏幕中放大显示出来，如图3-29（c）所示。

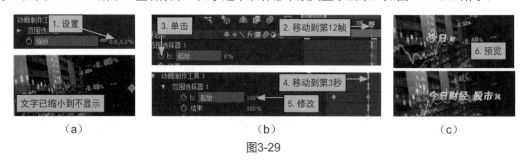

（a）　　　　　　　　　　（b）　　　　　　　　　　（c）

图3-29

步骤03 单击"动画"旁边的"右箭头"按钮，在弹出的下拉菜单中选择"旋转"命令，为文本层添加"动画制作工具2"。在"动画制作工具2"下将"旋转"设置为360°，如图3-30（a）所示。然后将时间移到第12帧处，在"范围选择器1"下单击"起始"前面的码表，添加一个关键帧，当前数值为0%。再将时间移到第3秒处，将"起始"设置为100%，如图3-30（b）所示。最后查看预览窗口，此时可看到文字逐个从屏幕中放大并旋转显示出来，如图3-30（c）所示。

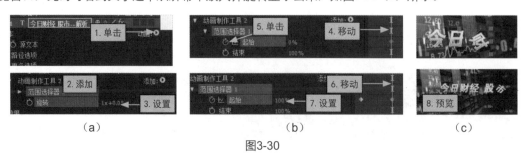

（a）　　　　　　　　　　（b）　　　　　　　　　　（c）

图3-30

④在相同制作工具下添加不同属性

我们也可以在同一个动画制作工具下添加多个属性，如同时添加位置与旋转。具体操作步骤如下。

[知识演练] 在财经片头中统一控制不同属性的文字动画

源文件/第3章	初始文件|统一控制不同属性的文字动画.aep
	最终文件|统一控制不同属性的文字动画.aep

步骤01 打开"统一控制不同属性的文字动画.aep"项目文件。单击"动画"旁的右箭头按钮，在弹出的下拉菜单中选择"位置"命令，为文本层添加"动画制作工具1"。将位置设置为1388，0，将其平移至合成画面的右侧，放置在屏幕显示之外。然后将时间移到第12帧处，在"范围选择器1"下单击"起始"前面的码表，添加一个关键帧，当前数值为0%，再将时间移到第3秒处，将"起始"设置为100%，这样让两行文字逐个飞回屏幕内原来位置，如图3-31所示。

图3-31

步骤02 在"动画制作工具"1右侧单击"添加"旁边右箭头按钮，在弹出的下拉菜单中选择"属性"→"旋转"命令，在范围选择器1添加"旋转"属性，如图3-32所示。

 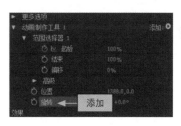

图3-32

步骤03 将"旋转"设置为360°，因为其与前面添加的"位置"处于同一级别，所以也受到"动画制作工具1"起始关键帧的影响，如图3-33（a）所示。查看预览窗口，文字逐个接连从屏幕之外旋转着飞入屏幕内，如图3-33（b）所示。

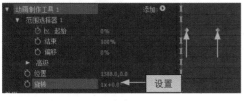  

（a） （b）

图3-33

在制作动画时，使用"偏移"也可得到想要的效果。"位置"和"旋转"的数值不变，将"起始"的关键帧删除，并恢复为0%，然后对"偏移"进行设置，将时间移到第12帧处，在"范围选择器1"下，打开"偏移"前的码表，添加一个关键帧，当前数值为0%，再将时间移到第3秒处，将"偏移"设置为100%，如3-34左图所示。这样同样让两行文字逐个旋转着飞回屏幕内的原来位置，如3-34右图所示。

图3-34

3.2.2 文本路径动画制作

在After Effects中可以制作沿路径运动的文字，这个路径可以是开放路径，也可以是封闭路径，然后将路径指定给文字，即可设置文字沿路径运动的动画。具体操作步骤如下。

[知识演练] 为科幻片头文字制作路径动画

源文件/第3章	初始文件|路径文字动画.aep
	最终文件|路径文字动画.aep

步骤01 打开"路径文字动画.aep"项目文件，选中"8"文字层，在菜单栏中选择"图层"→"从文本创建蒙版"命令，建立"8轮廓"固态层，它包括了沿数字8边缘轮廓创建的3个路径遮罩，如图3-35所示。

图3-35

步骤02 点击文字工具，输入一行小尺寸的数字，并选择此文本层，按Ctrl+D组合键复制一份。为了将相同的名称区分开，对文字层和路径遮罩重新命名，选择第一个图层，按Enter键，将其重命名为"外部数字"，选择第二个图层，按Enter键将其重命名为"内部数字"，再选中数字8层的路径遮罩，将第一个红色的层重命名为"外部遮罩"，第二个黄色的层重命名为"内部遮罩下"，第三个蓝色的层重命名为"内部遮罩上"，如图3-36所示。

图3-36

步骤03 选中"外部遮罩"路径，按Ctrl+C组合键复制，再选中"外部数字"层，按Ctrl+V组合键粘贴。选中"内部遮罩上"和"内部遮罩下"路径，按Ctrl+C组合键复制，再选中"内部数字"层，按Ctrl+V组合键粘贴，如图3-37所示。

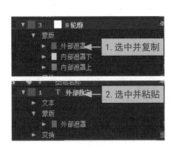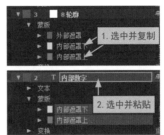

图3-37

步骤04 确认关闭"8 轮廓"层和"8"数字层的显示，分别展开"外部数字"和"内部数字"层的"路径"选项，并分别选择本层中的遮罩，如图3-38（a）所示。"内部数字"层有上和下两个遮罩，如图3-38（b）所示。还需要再选中"内部数字"层，按Ctrl+D组合键再复制一层，这样内部遮罩的上和下都被选中了，如图3-38（c）所示。

（a）　　　　　　　　（b）　　　　　　　　（c）

图3-38

步骤05 此时文字已应用到路径上，可为"外部数字"层再输入一些，使全部路径上都布满数字。为路径上的字母设置动画关键帧，将时间移到第0帧，打开"外部数字"层中的"首字边距"旁的码表，自动添加一个关键帧，当前数值为0，将时间移到结束位置，将数值设为100，再将时间移到第0帧，打开"内部数字"层中的"首字边距"旁的码表，自动添加一个关键帧，当前数值为0，将时间移到最后位置，将数值设为50，这样，这些数字会沿路径不停地进行位置移动，如图3-39所示。

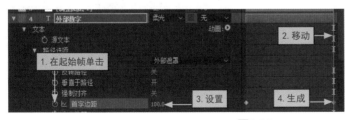

图3-39

步骤06 将3个文本层的"混合模式"设置为"柔光"，再在所有层上添加一个调整层和一个曲线效果，以让图案与背景整合，效果如图3-40所示。

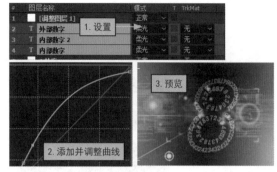

图3-40

3.2.3 使用文本动画预设

After Effects提供了大量的文本动画预设，在制作文字特殊效果时，只需要将这些预设拖曳到文本层中即可。具体操作步骤如下。

[知识演练] 制作打字机文字效果

源文件/第3章	初始文件|打字机文字效果.aep
	最终文件|打字机文字效果.aep

步骤01 打开"打字机文字效果.aep"项目文件。把时间设为第0帧，在菜单栏中选择"窗口"→"效果和预设"命令，打开"效果和预设"面板，依次展开"动画预设/Text/Multi-Line/文字处理器"目录，选择"文字处理器"选项，按住鼠标左键将其拖曳到文本层上，释放鼠标，打字机效果即添加到输入的文字上，如图3-41所示。

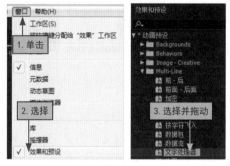

图3-41

步骤02 在"合成"窗口中可以看到添加了"文字处理器"效果后，原来正常显示的文字现在消失了，同时，在文本层中自动添加了"动画字符值""动画光标闪烁"和"动画不透明度"这3个预设效果，以及"键入"和光标"闪烁"效果，如图3-42所示。

图3-42

步骤03 播放预览，可以看到文字速度过快，需要进行调整，选择文本层，并按U键，快速显示出设置了关键帧的属性，如图3-43（a）所示。将时间移到第0帧，单击"滑块"码表，添加一个关键字，将时间移到第4秒，设置滑块的值为15，创建第二个关键帧，这样速度就正常了，效果如图3-43（b）所示。

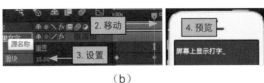

（a）　　　　　　　　　　　　　　　　　（b）

图3-43

3.2.4 综合文本动画制作

　　上面的效果只是一种预设的调用和修改方法，在制作文字特殊效果的时候，也可将多种预设效果和动画设置组合使用。具体操作步骤如下。

[知识演练] 爱音乐的机器人综合文字动画制作

源文件/第3章	初始文件|综合文字动画.aep
	最终文件|综合文字动画.aep

步骤01 打开"综合文字动画.aep"项目文件，用钢笔工具从右到左在文本层上绘制一条路径，创建"蒙版1"层，如图3-44所示。

图3-44

步骤02 展开文本层下的"路径选项"，选择"蒙版1"路径，此时可看到文字垂直方向反了，打开反转路径即可修正，如图3-45（a）所示。在第一帧位置，单击"首字边距"的码表，并设置为1314.0，即把动画起始位置放在屏幕外，然后将时间移到第10秒的位置，将"首字边距"的值设置为-1393.0，如图3-45（b）所示。这样就形成了一段开放的路径文字动画，如图3-45（c）所示。

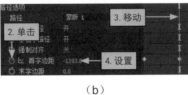
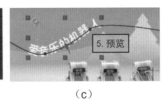

（a）　　　　　　　　　　（b）　　　　　　　　　　（c）

图3-45

步骤03 单击文本层右侧的"动画1"右箭头按钮，在弹出的下拉菜单中选择"填充颜色"→RGB命令，添加一个"动画制作工具1"，再将时间移到第1秒位置，在"动画制作工具1"下，单击填充颜色前的码表，自动添加一个关键帧，如图3-46所示。

图3-46

步骤04 单击"填充颜色"旁的色块，将颜色设置为红色（RGB：217，67，88），用相同的方法在第3秒设置填充色为橙色（RGB：255，150，0），在第5秒设置填充色为黄色（RGB：255，240，0），在第7秒设置填充色为紫色（RGB：168，0，255），如图3-47所示。

图3-47

步骤05 单击"动画制作"工具旁的"添加"箭头按钮，在弹出的下拉菜单中选择"选择器"→"摆动"命令，展开选择器，在第1秒的位置，单击"随机植入"的码表，添加一个关键帧，此时数值为0，在第10秒设为100，可以看到文字的颜色开始闪烁，如图3-48（a）所示。再按此步骤添加一个模糊选项，在第1秒的位置，单击模糊码表，第3秒添加关键帧数值不变，第4秒设置为80，第5秒设置为39，第6秒设为0，使中间4至6秒产生一段模糊运动，如图3-48（b）所示。

（a）　　　　　　　　　　　　（b）

图3-48

步骤06 为文字层添加一个擦除预设，将时间移到第7秒处，展开"效果和预设/动画预设/Text/Scale/摆动缩放擦除"目录，将"摆动缩放擦除"效果拖曳到文本层，此时可以看到添加了两个不同的"范围选择器1"，文字在运动中已经不规则而且最后消散了，如图3-49所示。

图3-49

步骤07 为了让文字有质感，选择"效果"→"透视"→"斜面Alpha"命令，将"边缘厚度"设置为4，"灯光角度"设置为−154°，其他保持不变，效果如图3-50所示。

图3-50

LESSON 3.3 绘画面板的基本应用

知识级别

■ 初级入门 ｜ □ 中级提高 ｜ □ 高级拓展

知识难度 ★★★

学习时长 150 分钟

学习目标

① 认识绘画面板和基本操作。
② 学习画笔笔触的操作。
③ 学习仿制图章工具的使用。

※主要内容※

内　容	难　度	内　容	难　度
认识绘画面板及其选项	★	使用画笔工具及画笔属性设置	★
动画画笔笔触的应用	★★	仿制图章工具的使用	★★

效果预览 > > >

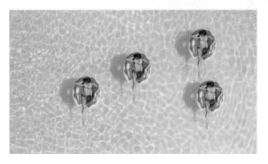

3.3.1 认识绘画面板及其选项

在After Effects中绘画处理的是矢量类型的艺术品，矢量绘画有很多优点，但也有不足之处，使用绘画工具时，每个笔画和每个擦除都被单独记录，属性会被随时修改。

绘画工具包括画笔工具、仿制图章工具和橡皮擦工具，要在时间轴中双击层，打开"图层"面板，在编辑模式中使用绘画工具。

每种绘画工具都是使用笔触在层上添加或删除像素，或者改变层的透明度，但是对层本身不具有修改作用，可以通过绘画面板选择合适的选项设置绘画笔触的各种属性。在菜单栏中选择"窗口/绘画"命令可以打开绘画面板，如图3-51所示。但只有工具栏中激活绘画工具后，绘画面板的选项才可使用。

绘画面板的参数名称及作用见表3-2。

图3-51

表3-2

参数名称	作　　用
不透明度	用于设置画笔的不透明度
流量	用于设置画笔的流量，透明度和流量的值为0%到100%
模式	用于设置绘画的模式，与图层混合模式作用一样
通道	选择通道，如RGB、RGBA、Alpha通道等，用于对Alpha通道应用笔触和仿制图章工具
持续时间	有4个选项，其中，"单帧"表示只把绘画笔触应用到选择的帧上，"固定"表示把绘画笔触应用到该层的当前帧和后继帧上；"写入"表示当前绘画的笔触；"自定义"表示把绘画笔触应用到指定的帧上
颜色框	单击后可打开"背景颜色"对话框，如图3-52所示

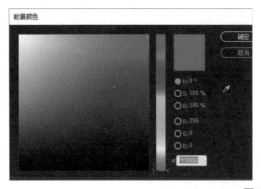
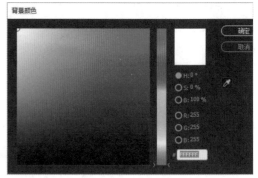

图3-52

3.3.2 使用画笔工具及画笔属性设置

使用画笔工具可以用前景色在层上进行绘画，还可以修改层的颜色和透明度，但是不会改变源素材。在默认设置下，使用画笔工具可以绘制出柔和的笔触颜色，也可以设置画笔的选项来改变默认属性，或通过设置混合模式来修改画笔笔触与层背景和其他画笔笔触的交互作用。具体操作步骤如下。

[知识演练] 运用画笔工具给植物添加编号

源文件/第3章	初始文件|绘画练习.aep
	最终文件|绘画练习.aep

步骤01 打开"绘画练习.aep"项目文件。在工具栏中选择画笔工具，在面板中设置前景色颜色（RGB：49，106，73），设置"模式"为"叠加"，"通道"为RGB，"持续时间"为固定，如图3-53（a）所示。

步骤02 在菜单栏中选择"窗口"→"画笔"命令，打开"画笔"面板，选择合适的笔触，双击鼠标添加绘画层，这里分别在3个花盆上画出1、2、3这3个数字，如图3-53（b）所示。

（a）　　　　　　　　　　　　　（b）

图3-53

需要注意的是，不能直接在"合成"窗口中进行绘画，否则会打开一个"警告"对话框，提示要在层面板中进行绘画，如图3-54所示。

图3-54

在图3-54中可以看到在选择画笔工具后，出现了一个画笔面板，在该面板中列出了画笔的所有属性。面板的上半部分，显示的是画笔的类型，只要单击相应的图标就可以选择该类型的画笔，图标所代表的就是画笔的形状，如图3-55（a）所示。"画笔"面板的其他一些设置选项如图3-55（b）所示。属性名称和作用见表3-3。

图3-55

表3-3

属性名称	作 用	属性名称	作 用
直径	用于设置笔触的大小。	角度	用于设置画笔的角度
圆度	100%表示一个圆形的笔触，减小这个百分数可以创建椭圆笔触	硬度	100%表示一个硬的笔触，减小这个百分数可以创建羽化简章
间距	用于设置笔触之间的间距，使用圆形图章时，改变这个设置可以创建一条点状线	大小	用于设置画笔的大小
最小大小	用于设置画笔大小的范围，其值在1%到100%	不透明度	用于设置笔触的不透明度或者透明度
流量	用于设置一个笔触连续性改变的程度		

在使用画笔绘画之后，在"时间轴"面板中可以看到，这些选项旁全都有码表，这对于后面的动画制作具有重要作用，如图3-56所示。

图3-56

3.3.3 动画画笔笔触的应用

于画笔笔触也可以设置成动画。在"绘画"面板的"持续时间"下拉列表中选择"写入"选项或在"时间轴"面板中替换画笔笔触后，After Effects将自动为笔触进行动画，画笔笔触的时间决定笔触的持续时间，运动的速度决定笔触的动画速度。改变动画中的画笔笔触形状时，软件将使用新的形状改变画笔笔触的速度，因此笔触动画是平滑的。如果原始笔触的动画速度是固定的，新的笔触动画速度也是不变的。

具体操作步骤如下。

[知识演练] 动画画笔笔触的操作

源文件/第3章	初始文件|动画绘画.aep
	最终文件|动画绘画.aep

步骤01 打开"动画绘画.aep"项目文件。在工具栏中选择画笔工具，在"绘画"面板中选择一种画笔，在"持续时间"下拉列表框中选择"写入"选项，将模式设置为排除，颜色设置为白色，如图3-57所示。

图3-57

步骤02 在"合成"窗口中双击鼠标左键进入层，拖动鼠标指针在人物背上绘制一个数字8，释放鼠标后数字消失，如图3-58（a）所示。在"时间轴"面板中单击画笔1旁边的箭头按钮，展开"描边选项"，如图3-58（b）所示。

  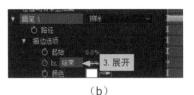

（a）　　　　　　　　　　　　　　　　（b）

图3-58

步骤03 拖动当前时间指示器可以看到刚才绘画的过程已经被记录成动画，但是绘制内容没有显示完，如图3-59所示。

图3-59

步骤04 在菜单栏中选择"合成"→"合成设置"命令，将"持续时间"设置为8秒，如图3-60（a）所示。把合成中的"人物.jpg"层的时间条拖动到合成结束位置，如图3-60（b）所示。

（a）　　　　　　　　　　　　　　　　（b）

图3-60

还可以使用笔触目标创建动画，也就是说要创建两个笔触形状，让两个不同笔触进行插补运算，形成动画，具体操作步骤如下。

[知识演练] 用笔触目标制作动画

源文件/第3章	初始文件|笔触目标动画.aep
	最终文件|笔触目标动画.aep

步骤01 打开"笔触目标动画.aep"项目文件，选择画笔工具绘制一个数字7，如图3-61（a）所示。展开画笔1下的"描边选项"，单击相应参数的码表，自动记录一个关键帧，如图3-61（b）所示。

 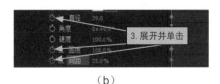

（a）　　　　　　　　　　　　　　　　（b）

图3-61

步骤02 将时间移到第4秒，并设置"直径""圆度""间距"，预览笔触，变成了圆点状的数字，如图3-62所示。

图3-62

3.3.4 仿制图章工具的使用

仿制图章工具可以在源素材中取样像素，并应用到目标层（可以是同一个合成项目中的同一层或不同层）中。仿制图章工具在"层"窗口中可以进行克隆像素、修饰素材、添加或删除元素等操作。

仿制图章工具的笔触包括混合模式、笔触选项和变换属性等仿制图章工具可在源层中设置开始取样点，然后拖曳到目标层中应用该取样。

具体操作步骤如下。

[知识演练] 泳池人物图像的克隆

源文件/第3章	初始文件|克隆效果的制作.aep
	最终文件|克隆效果的制作.aep

步骤01 打开"克隆效果的制作.aep"项目文件，将图片拖曳到时间轴并双击打开图片层窗口，如图3-63所示。

步骤02 在工具栏中选择仿制图章工具，打开"笔画"面板，选择大小为45像素且带羽化的画笔，然后将鼠标移动到图层窗口中，如图3-64所示。

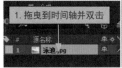 

图3-63   图3-64

步骤03 按Alt键在人物位置单击，松开Alt键，把鼠标移到克隆图像的目标位置，拖动鼠标开始绘制，此时在被克隆的图像上会显示一个十字形光标，它跟随鼠标光标的移动而移动，被克隆的图像正是十字形光标所在位置的图像，如图3-65所示。

步骤04 在描绘边缘时需要选择细一点的画笔，描绘部分不要超出人物及其阴影部分，用同样方法克隆出多个人物图像，如图3-66所示。

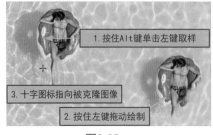   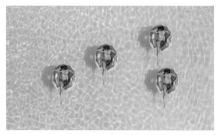

图3-65   图3-66

第4章

遮罩与键控
的应用

学习目标

在进行合成制作时要将多个图层的画面叠加，这就需要利用遮罩，即将上层的图像制作成带透明信息的图像，与下层图像合成达到更好的效果；遮罩通常与键控操作配合使用，键控抠像技术被广泛应用影视制作中，本章将对遮罩和键控操作进行介绍。

本章要点

◆ 遮罩的简单与复杂创建方式
◆ 遮罩的属性设置及操作应用
◆ 遮罩的动画效果制作
◆ 轨道蒙版的使用
◆ 常用键控抠像技术的应用
......

LESSON 4.1 遮罩的简单操作

知识级别

■初级入门 | □中级提高 | □高级拓展

知识难度 ★★

学习时长 120 分钟

学习目标

① 学习遮罩的简单创建方式。
② 学习遮罩各项属性的设置。
③ 学习复合遮罩与反转遮罩的应用。

※主要内容※

内　容	难　度	内　容	难　度
用简单方式创建遮罩	★	设置遮罩的属性	★★
复合遮罩的应用	★★	反转遮罩的应用	★

效果预览 > > >

4.1.1 用简单方式创建遮罩

在英文版AE中，遮罩名称显示为"Mask"。在中文版AE中，遮罩名称都显示为"蒙版"。可以使用矩形工具、椭圆工具、多边形工具和星形工具来绘制基本形状的遮罩，也可以使用钢笔工具绘制复杂形状的遮罩。具体操作步骤如下。

[知识演练] 用遮罩工具绘制并调整遮罩

源文件/第4章	初始文件|简单方式绘制遮罩.aep
	最终文件|简单方式绘制遮罩.aep

步骤01 打开"简单方式绘制遮罩.aep"项目文件。选中图片素材层，在工具栏中选择矩形工具，在"合成"窗口的画面中绘制一个矩形遮罩，如图4-1（a）所示。在时间轴中单击图片素材层的右箭头按钮，展开素材层，可以看见其中增加了蒙版1的属性，如图4-1（b）所示。在"合成"窗口中单击"切换蒙版和形状路径可见性"图标，可看到已绘制的矩形遮罩，即一个黄色的线框，如图4-1（c）所示。

（a） （b） （c）

图4-1

需要注意的是，一定在选中图层后再单击遮罩绘制工具，这样在合成窗口中进行绘制才能形成遮罩蒙版，未选中图层的状态如图4-2（a）所示。而是一个被填充颜色的新的形状图层，如图4-2（b）所示。

（a） （b）

图4-2

步骤02 在绘制的遮罩线框上有4个点，选择选取工具，单击其中一个点，或框选多个点，重新调整遮罩范围，如图4-3所示。

图4-3

4.1.2 设置遮罩的属性

在创建好遮罩后，会自动生成蒙版这一属性。蒙版1是蒙版之下的一个遮罩，其后可以有多个遮罩和遮罩属性选项，包括蒙版路径、蒙版羽化、蒙版不透明度、蒙版扩展。具体操作步骤如下。

[知识演练] 设置遮罩属性

源文件/第4章	初始文件|设置遮罩属性.aep
	最终文件|设置遮罩属性.aep

步骤01 打开"设置遮罩属性.aep"项目文件，将"蒙版1"展开后，单击"蒙版路径"后面的"形状"按钮，打开一个对话框，其中"界定框"栏的参数主要是控制所绘制遮罩的范围，单位可选择像素、英寸、毫米和百分比，在对话框的"形状"栏的下拉列表框中选择"椭圆"选项，可以将矩形遮罩变成椭圆形遮罩，如图4-4所示。

步骤02 按住鼠标左键在"蒙版羽化"的数值上，向右拖动，将数值逐渐增大，此时可以在"合成"窗口中看到遮罩的边缘产生了羽化效果，边缘变得非常柔和，如图4-5所示。

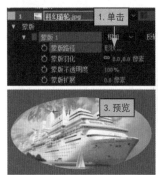

图4-4   图4-5

步骤03 用遮罩设置一段画面淡入的动画，在第0帧位置单击"蒙版不透明度"码表，为其添加一个关键帧，数值设置为0%。将时间移到第2秒，数值改为100%，自动添加一个关键帧，预览效果，画面从白色的底色逐渐淡入，如图4-6所示。

图4-6

步骤04 如果觉得遮罩挡住的部分过多，可以用选取工具拖动点将遮罩修改得大一些。更简单的方法是增大"蒙版扩展"的数值如图4-7（a）所示，其与修改羽化的方法类似，用鼠标将"蒙版扩展"的数值向右拖动，可以看到遮罩的遮挡面积在变小，如图4-7（b）所示。（同样用这种方法增大"蒙版扩展"的数值，也可以将一个没有羽化的"矩形"遮罩变成一个圆角矩形遮罩，因为矩形遮罩在没有羽化的情况下，其画面遮罩的边缘将会是一个圆角形状，如图4-7（c）所示）。

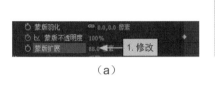 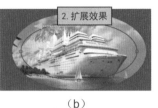 

（a） （b） （c）

图4-7

4.1.3 复合遮罩的应用

当在一个层上添加多个遮罩时，这些遮罩之间可以通过不同的叠加运算方式产生不同的效果。灵活运用复合遮罩可以做出许多不同的特效。具体操作步骤如下。

[知识演练] 运用复合遮罩模式

源文件/第4章	初始文件|复合遮罩模式的应用.aep
	最终文件|复合遮罩模式的应用.aep

步骤01 打开"复合遮罩模式的应用.aep"项目文件。图层上已分别用矩形工具、椭圆工具和多边形工具绘制了3个遮罩，展开"蒙版"属性，有蒙版1、蒙版2、蒙版3共3个蒙版，默认模式为"相加"，即把各自蒙版内容叠加在一起，如图4-8所示。

步骤02 把蒙版1的模式改成"相减"，可以看到蒙版1的左边内容从画面中减掉了，如图4-9（a）所示。蒙版1的内容没有全部从屏幕中减掉，因为蒙版1的左边内容正好也是蒙版3的内容，即蒙版1与蒙版3的交集，如果再把蒙版3也改为"相减"，可以看到蒙版1与蒙版3的内容同时在画面中被减掉了，如图4-9（b）所示。

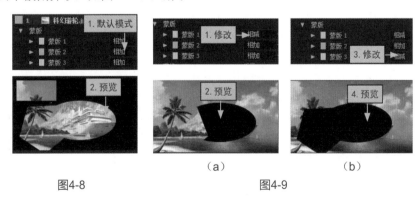

图4-8 图4-9

（a） （b）

步骤03 蒙版2的状态是相加，即添加在了减掉蒙版1与蒙版3的画面中，将蒙版2的模式改为"交集"，此时可以看到画面中只出现了蒙版2的内容，原因是之前已经减掉了蒙版1与蒙版3的内容，剩下的画面与蒙版2的交集就是蒙版2的内容，如图4-10所示。

步骤04 如果需要同时对多个遮罩进行操作，但又不想误操作到不需要的遮罩，就可以使用遮罩左边的"锁定"功能，特别是要同时操作同一个图层下的多个遮罩或不同图层下的不同遮罩时。这里单击蒙版1锁定图标，框选蒙版1、蒙版2、蒙版3，此时蒙版1已经不能被选中，然后单击模式选择相加，被锁定后的蒙版1的模式没有任何变化，只有蒙版2和蒙版3的模式改变了，如图4-11所示。

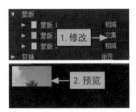

图4-10   图4-11

4.1.4 反转遮罩的应用

有些遮罩效果可以直接在图层上绘制出来，但也可以在固态层上绘制遮罩，再配合"反转"功能叠加在素材层上做出来，这样底层的素材就不受自身遮罩的限制，可以进一步制作位置的移动或缩放的动画等。具体操作步骤如下。

[知识演练] 用反转遮罩制作暗访效果

源文件/第4章	初始文件|反转遮罩的应用.aep
	最终文件|反转遮罩的应用.aep

步骤01 打开"反转遮罩的应用.aep"项目文件，里面有一个背景图和一个固态层，固态层上已经绘制了一个圆形遮罩。选择"黑色 纯色1"固态层，展开其蒙版参数项，选中"反转"复选框，遮罩形成了反转，反转后的遮罩同样可以为其设置羽化和扩展等属性，如图4-12所示。

步骤02 背景层不受遮罩限制，可自由设置位置和大小，这里给素材层设置一个缩放的关键帧动画，形成一个暗访的镜头画面，如图4-13所示。

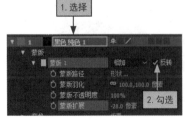
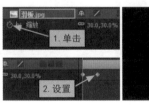

图4-12   图4-13

LESSON 4.2 遮罩的进阶操作

知识级别

□初级入门 | ■中级提高 | □高级拓展

知识难度 ★★★

学习时长 160 分钟

学习目标

① 学习遮罩的复杂创建方式。
② 学习使用通道转换为遮罩。
③ 学习轨道蒙版的使用。

※主要内容※

内　　容	难　　度	内　　容	难　　度
绘制复杂遮罩	★★	在不同图层间复制遮罩	★★
使用通道转换为遮罩	★★★	制作遮罩的动画效果	★★★
轨道蒙版的使用	★★★		

效果预览 > > >

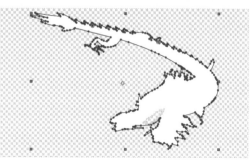

4.2.1 绘制复杂遮罩

对于一些复杂的遮罩，比如绘制图像边缘轮廓比较曲折或者只需要某一个区域范围的遮罩，可以使用钢笔工具或橡皮擦工具绘制，下面分别对其进行介绍。

❶用钢笔工具绘制遮罩

很多图像的结构形状比较复杂，用钢笔工具可以很方便地进行描边绘制，绘制完成后用贝塞尔曲线进行调整。具体操作步骤如下。

[知识演练] 用钢笔工具绘制遮罩

源文件/第4章	初始文件|钢笔绘制遮罩.aep
	最终文件|钢笔绘制遮罩.aep

步骤01 打开"钢笔绘制遮罩.aep"项目文件，选择工具栏上的钢笔工具，在合成窗口中，给小熊图像绘制一个闭合遮罩路径，不好绘制的部分先直接绘制直线，如图4-14所示。

步骤02 在遮罩层下面打开"室内.jpg"层，选择钢笔工具下的"转换顶点工具"，或按Alt键，将钢笔工具移动到需要调节的点上也能转换成转换顶点工具，单击顶点进行曲线调整，如图4-15（a）所示。如果有些点不方便调整，可以在保持选中钢笔工具的状态下，单击遮罩线框，添加需要的点，如图4-15（b）所示。

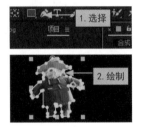

图4-14

 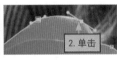

（a）

（b）

图4-15

需要注意的是，有些遮罩的描点过多，可以按Ctrl键，将钢笔工具移动到不需要的点上，单击顶点可减掉此顶点。通常调整一边的手柄，另一边也会相应发生变化。如果调整时先按住Ctrl键不放，即可调整单边，如图4-16所示。

图4-16

❷用橡皮擦工具绘制遮罩

在绘制范围较大或较集中，而对边缘又不用太精确的遮罩时，橡皮擦工具是个不错的选择。具体操作步骤如下。

[知识演练] 用橡皮擦工具绘制遮罩

源文件/第4章	初始文件|橡皮擦绘制遮罩.aep
	最终文件|橡皮擦绘制遮罩.aep

步骤01 打开"橡皮擦绘制遮罩.aep"项目文件，双击"室内.jpg"层。打开"绘画"面板与"画笔"面板，选择橡皮擦工具，在"绘画"面板中设置背景色为黑色，将通道设为"Alpha"，在"画笔"面板中选择合适的笔刷。

步骤02 拖动鼠标，在"室内.jpg"层上进行擦除，如图4-17（a）所示。切换到合成窗口，看到玩具熊图片被显示出来，如图4-17（b）所示。

（a） （b）

图4-17

4.2.2 在不同图层间复制遮罩

遮罩蒙版可以在同一图层或不同图层之间进行复制和粘贴，不同图层之间的复制需要先选择原图层中的蒙版，然后按Ctrl+C组合键，再选择目标图层，按Ctrl+V组合键粘贴。具体操作步骤如下。

[知识演练] 复制和粘贴遮罩练习

源文件/第4章	初始文件|在不同图层间复制遮罩.aep
	最终文件|在不同图层间复制遮罩.aep

步骤01 打开"在不同图层间复制遮罩.aep"项目文件，选中"玩具熊.jpg"层的蒙版1，按Ctrl+C组合键复制，如图4-18（a）所示。再选择"花.jpg"层，按Ctrl+V组合键粘贴，为其复制一个蒙版1，展开"花.jpg"层可以查看复制效果，实现了不同图层间的蒙版复制，如图4-18（b）所示。

（a） （b）

图4-18

步骤02 继续在"花.jpg"层上选中蒙版1，按Ctrl+D组合键复制一个蒙版2，用选取工具将蒙版2移动到右侧，可看到在同一图层中复制的蒙版，如图4-19所示。

图4-19

4.2.3 使用通道转换为遮罩

After Effects 中可以将图像的通道信息转换为遮罩，这样可以用遮罩进行其他制作，例如描边、填充、制作遮罩动画、将遮罩复制到其他图层等。具体操作步骤如下。

[知识演练] 将通道转换成遮罩练习

源文件/第4章	初始文件|通道转换成遮罩.aep
	最终文件|通道转换成遮罩.aep

步骤01 打开"通道转换成遮罩.aep"项目文件，选中"花.jpg"层，选择"图层/自动追踪"命令，打开"自动追踪"对话框，如图4-20所示。

步骤02 设置"通道"为"红色"，选中"预览"，设置"最小区域"为100，"容差"为5，"阈值"为70%，"圆角值"为30%，如图4-21（a）所示，单击"确定"按钮后会在图层中添加多个遮罩，如图4-21（b）所示。可以利用这些遮罩来制作各种效果，比如为这些生成的遮罩填充一个蓝色，如图4-21（c）所示。

图4-20

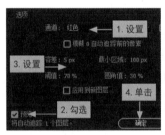　　

（a）　　　　　　　　（b）　　　　　　　　（c）

图4-21

在"自动追踪"对话框中，常用参数名称及作用见表4-1。此外，选中"应用到新图层"复选框，则这些遮罩在生成时可建立一个新的固态层，如图4-22所示。

表4-1

参数名称	作　　用
当前帧	图片或视频的某一帧静态画面
工作区	视频或动画的播放范围
通道	用于选择图像的颜色、亮度和Alpha通道
容差/最小区域	所选图像的颜色范围，值越小，遮罩数越多，追踪越精确
阈值	所选图像的颜色范围，值越大，选择的颜色信息越多
圆角值	所选范围区域的平滑度，值越大越平滑

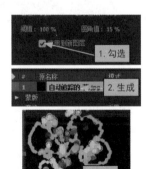

图4-22

4.2.4 制作遮罩的动画效果

制作遮罩的动画效果可通过给蒙版路径设置关键帧的方式来实现，但对于大多复杂的运动来说，手动设置遮罩路径关键帧太过烦琐，用自动追踪来设置动画遮罩会更便捷。

[知识演练] 制作遮罩动画

源文件/第4章	初始文件|制作遮罩动画.aep
	最终文件|制作遮罩动画.aep

步骤01 打开"制作遮罩动画.aep"项目文件，可以看到这是一个带Alpha通道信息的金龙序列文件。

步骤02 选中此序列图层，选择"图层/自动追踪"命令，打开"自动追踪"对话框，选中"工作区"单选按钮，设置通道为"Alpha"，根据画面需要设置"最小区域""容差""阈值"等参数，选中"应用到新图层"复选框，如图4-23所示。

步骤03 在"合成"窗口预览，可以看到已经生成了3秒的动态遮罩，如图4-24所示。

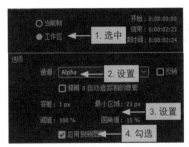

图4-23

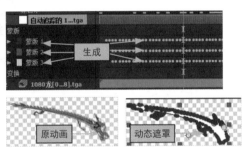

图4-24

4.2.5 轨道蒙版的使用

轨道蒙版至少需要两个层才可以使用，它是根据上层轮廓设置选区，在选区中显示下层的内容。轨道蒙版有两种类型，一种是基于Alpha通道的轨道蒙版；另一种是基于亮度的轨道蒙版。

1.基于Alpha通道的轨道蒙版

在Alpha通道中，默认为黑色代表完全不透明，白色代表完全透明，利用这一特点可以在轨道蒙版中来定义其透明度，包括透明、不透明、半透明区域。具体操作步骤如下。

[知识演练] 利用轨道蒙版制作飞艇文字动画

源文件/第4章	初始文件|轨道蒙版的创建.aep
	最终文件|轨道蒙版的创建.aep

步骤01 打开"轨道蒙版的创建.aep"项目文件，在"时间轴"面板上单击转换控制按钮，展开

模式与轨道遮罩列。选中"天空.jpg"层，把TrkMat参数设置为"Alpha遮罩'飞艇'"文字层。可以看到图像已经显示在文字中了，如图4-25所示。

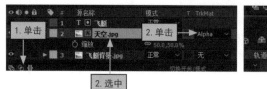

图4-25

步骤02 打开"飞艇背景.jpg"层背景色。选中"飞艇"文字层，在第0帧处单击"位置"和"缩放"的码表，设置"缩放"为45%，将合成文字放在画面左侧，自动创建关键帧；在最后一帧处将"缩放"设置为100%，将文字的位置移到画面右侧，此时可看到文字在轨道蒙版的天空图像上运动，如图4-26所示。

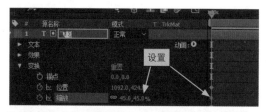

图4-26

❷ 基于亮度的轨道蒙版

基于亮度的轨道蒙版和Alpha轨道蒙版用法相同，"亮度"在After Effects中是表示灰度值的素材，软件通常把灰度值作为一个Alpha通道，灰度值中的黑色代表完全不透明，白色代表完全透明。在基于亮度的轨道蒙版中，如果蒙版内容图像是彩色的，软件会将颜色值自动转换成灰度值。具体操作步骤如下。

[知识演练] 利用轨道蒙版制作飞艇文字缩放动画

源文件/第4章	初始文件|轨道蒙版的创建1.aep
	最终文件|轨道蒙版的创建1.aep

步骤01 打开"轨道蒙版的创建1.aep"项目文件。将"天空.jpg"层的TrkMat参数改为亮度遮罩飞艇文字层，如图4-27（a）所示。这时可看到图像还是显示在文字中，但是从上到下有一个透明到不透明的渐变过程，是因为文字的灰度值从上到下是由黑变白，即从透明到不透明的过渡。

（a）

步骤02 将时间指示器移动到第2秒，单击缩放码表，将"缩放"设置为126%，即可预览到文字由远到近的缩放变化，如图4-27（b）所示。

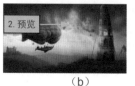

（b）

图4-27

LESSON 4.3 认识并掌握键控

知识级别

□初级入门 | ■中级提高 | □高级拓展

知识难度 ★★★

学习时长 160 分钟

学习目标

① 学习常用键控抠像技术。
② 学习使用溢出抑制器消除残留色。
③ 学习高级抠像工具的使用。

※主要内容※

内　容	难　度	内　容	难　度
颜色差值键控	★★	高级溢出抑制器	★★
颜色范围键控	★★★	提取键控	★★
差值遮罩键控	★★★	内部与外部键控	★★
Keylight高级抠像工具的使用	★★★		

效果预览 > > >

4.3.1 颜色差值键控

　　键控即抠像技术，它是在影视制作领域中被广泛采用的技术手段。例如，演员在绿色或蓝色构成的背景前表演，但这些背景在最终的影片中是见不到的，就是运用了键控技术将蓝色或绿色的纯色背景替换成了其他背景画面。

　　颜色差值键控特效是通过两个不同的颜色对图像进行键控，从而使一个图像具有两个透明区域，"遮罩部分A"使指定的键控之外的其他颜色区域透明，"遮罩部分B"使指定的键控颜色区域透明，将两个遮罩蒙版透明区域进行组合，得到第三个蒙版透明区域，这个新的透明区域就是最终的Alpha通道。

　　"颜色差值键"面板如图4-28所示。其参数名称及作用见表4-2.

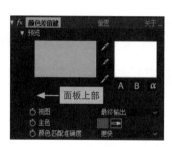

图4-28

表4-2

参数名称	作　用
预览	预览素材的遮罩视图，左边的素材视图用于显示源素材画面的缩略图，右边的遮罩视图用于显示调整的遮罩情况，单击下面的"A""B""α"按钮，可分别查看"遮罩A""遮罩B"和"Alpha遮罩"
键控吸管	从原始缩略图中拾取键控色，用于从素材视图中选择键控色
黑吸管	从蒙版缩略图中指定透明区域，用于在遮罩视图中选择透明区域
白吸管	从蒙版缩略图中指定不透明区域，用于在遮罩视图中选择不透明区域
视图	在合成窗口中显示的视图，可显示Alpha通道的效果或最终输出的效果
主色	抠出背景时，可从颜色框中选取键控色，也可用颜色框旁边的"吸管"在合成窗口或层窗口中吸取颜色
颜色匹配准确度	用于设置颜色匹配的精度
黑色和白色区域的A部分与B部分	一系列的"部分遮罩A"与"部分遮罩B"滑块用于进一步调整透明度值
黑色遮罩	用于调整每个遮罩的透明度水平，可以使用黑吸管可调整同样水平
白色遮罩	用于调整每个遮罩的不透明度水平，可以使用白色吸管调整同样水平
遮罩灰度系数	用于控制透明度值遵循线性增长的严密程度，默认值为1，则增长呈线性，其他值可产生非线性增长，以供特殊调整或视觉效果使用

[知识演练] 用颜色差值键让飞机在云层穿梭

源文件/第4章	初始文件|颜色差值键抠像.aep
	最终文件|颜色差值键抠像.aep

步骤01 打开"颜色差值键抠像.aep"项目文件，里面有一个绿屏飞机动画和一个天空的背景层。选择"飞机绿屏抠像.mp4"层，在菜单栏中选择"效果"→"抠像"→"颜色差值键"命令，如图4-29所示。

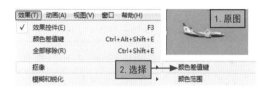

图4-29

步骤02 单击"主色"旁边的键控吸管，在缩略图的绿色位置单击拾取颜色，此时主色已变成图像中的背景绿色，但默认抠像效果并不佳，飞机整体还与底色相融。将视图切换到"已校正遮罩"来显示，可以看到图像的Alpha通道，底色背景并不是全黑，而是灰色，说明是半透明状态，飞机也不是纯白，说明也不是完全不透明，如图4-30（a）所示。切换回到"最终输出"视图模式，如图4-30（b）所示。

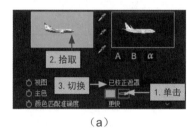

（a）

（b）

图4-30

步骤03 设置"黑色遮罩"为138，"白色遮罩"值为168，如图4-31（a）所示。效果如图4-31（b）所示。

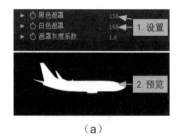

（a）

（b）

图4-31

4.3.2 | 高级溢出抑制器

要从图像中消除绿屏背景反射出来的绿色光，或是键控后的残留键控色痕迹，可以应用"高级溢出抑制器"特效来消除边缘溢出的键控色。有两种溢出抑制法，一种是"标准"方法，但过于简单，该方法自动检测主要的抠像颜色，操作较少；另一种是"极致"

方法，可消除很多杂边和黑边，且能手动调节容差、饱和度和溢出范围，以及溢出抑制的强度，可较精确地抑制残留色。

[知识演练] 用溢出抑制器消除飞机的残留色

源文件/第4章	初始文件|溢出抑制练习.aep
	最终文件|溢出抑制练习.aep

步骤01 打开"溢出抑制练习.aep"项目文件，可以看到飞机主体的边缘始终有一些残留的绿色无法去掉，如图4-32所示。

步骤02 选中飞机层，在菜单栏中选择"效果"→"抠像"→"高级溢出抑制器"命令，

图4-32

添加后默认的抑制方法是"标准"，可以看到绿色的边已经消失，但形成了黑边，如图4-33（a）所示。把方法从"标准"改为"极致"，整体图像变亮了，黑边也消失了，如图4-33（b）所示。

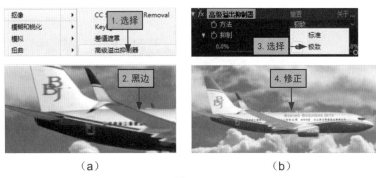

（a） （b）

图4-33

在上例中，用默认参数即可达到最佳效果，如果图像上的残留色较多或范围较大，还需要调节溢出范围和容差，值越大所包含的颜色范围也越大。

4.3.3 颜色范围键控

颜色范围键控是通过指定的颜色范围产生透明，这种键控方式可以应用在背景包含多个颜色、背景亮度不均匀和包含相同颜色的不同阴影的（如玻璃、烟雾等）图像中或者不同阴影的蓝屏或绿屏中。

在AE中，选择"效果"→"抠像"→"颜色范围"命令，打开"颜色范围"面板，如图4-34所示。参数名称及作用见表4-3。

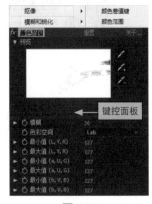

图4-34

表4-3

参数名称	作　用
预览	用于显示遮罩情况的缩略图
模糊	对边界进行柔和和模糊，用于调整边缘柔化度
加色吸管	增加键控色的颜色范围
减色吸管	减少键控色的颜色范围
键控吸管	从蒙版缩略图中吸取键控色，用于在遮罩视图中选择开始的键控色
色彩空间	指定键控颜色范围的颜色空间，有Lab、YUV、RGB可供选择
最小值/最大值	对颜色范围的开始和结束颜色进行精细调整，其中(L，Y，R)、(a,U，G)、(b，V，B)代表颜色空间的3个分量。最小值调整颜色范围的开始，最大值调整颜色范围的结束。L、Y、R滑块可控制指定颜色空间的第一个分量；a、U、G滑块可控制第二个分量；b、V、B滑块可控制第三个分量。拖动"最小值"滑块，对颜色范围的起始颜色进行微调。拖动"最大值"滑块，对颜色范围的结束颜色进行微调

[知识演练] 用颜色范围键抠像飞鸟群

源文件/第4章	初始文件|颜色范围键抠像.aep
	最终文件|颜色范围键抠像.aep

步骤01 打开"颜色范围键抠像.aep"项目文件，选中"群鸟飞绿屏抠像.mov"层，打开"颜色范围"面板，将时间指示器移动到中间位置，单击键控吸管，在缩略图背景上吸一下，可看到此时默认状态下飞机主体已经被抠出，但是边缘依然有较多的绿色，如图4-35所示。

步骤02 单击增加吸管工具，在合成窗口中的飞鸟群边缘上拾取绿色颜色，可见绿色范围减少了，飞鸟群主体变得明显清晰，反复几次把大部分绿色消除为止，如图4-36所示。

图4-35

图4-36

步骤03 设置所有最小值为0，最大值(L,Y,R)为255，最大值(a,U,G)为108，最大值(b,V,B)为255，可以看见绿边基本已经消除，如图4-37所示。

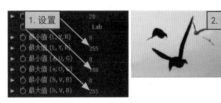
图4-37

4.3.4 提取键控

提取键控特效是根据指定的一个亮度范围来产生透明，亮度范围的选择基于通道的直方图，提取键控适用于以白色或黑色为背景拍摄的素材，或者前后背景亮度差异较大的情况下也可以用来消除阴影。"提取"面板如图4-38所示。参数名称及作用见表4-4。

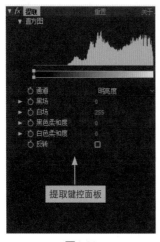

图4-38

表4-4

参数名称	作用
直方图	层中亮度分布级别以及在每个级别上的像素量，从左至右为从最暗到最亮状态，拖动直方图下方的灰色透明滑块，可以调节像素的范围，灰色区域不透明，其他地方透明
通道	选择提取键控的通道，可以选择亮度通道、红色通道、绿色通道、蓝色通道和Alpha通道
黑场/白场	小于黑场或大于白场的颜色透明，拖动滑块可增大或缩小透明范围
黑色/白色柔和度	设置左边暗区域或右边亮区域的柔和度，也可以拖动透明滑块左下角或右下角手柄来控制
反转	用于反转键控区域

[知识演练] 用提取键控特效抠像

源文件/第4章	初始文件|提取键控抠像练习.aep
	最终文件|提取键控抠像练习.aep

步骤01 打开"提取键控抠像练习.aep"项目文件。选中飞鸟层，在菜单栏中选择"效果"→"抠像"→"提取"命令，打开"提取键控"面板。将"通道"设置为"明亮度"，拖动"白场"滑块，将数值设置为180，其他值均为0，可以看到图像中的鸟已经去掉了含有黑白灰的背景，融入了瀑布背景中，如图4-39所示。

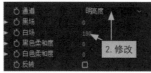

图4-39

步骤02 如果想更直观一些，可以拖动上面的"直方图"滑块；直方图下的透明度控制条可调整透明的像素范围。与直方图有关的控制条位置和形状可确定透明度。与控制条覆盖的区域对应的像素保持不透明；与控制条未覆盖区域对应的像素变透明，如图4-40所示。

图4-40

4.3.5 差值遮罩键控

差值遮罩键控具体原理是比较源图层和差值图层，抠出源图层中与差值图层中的位置和颜色匹配的像素。通常用于抠出移动对象后面的静态背景，然后将此对象放在其他背景上。差值图层一般用于与源图层比较的背景层，差值遮罩键控适用于使用固定摄像机和静止背景拍摄的场景。

在菜单栏中选择"效果"→"抠像"→"差值遮罩"命令，打开"差值遮罩"面板，如图4-41所示。参数及作用见表4-5。

差值遮罩键控面板

图4-41

表4-5

参数名称	作　用
视图	使用"仅限遮罩"视图可检查抠像过程中的Alpha通道情况，"仅限源"查看源图层，"最终输出"查看抠像的结果图
差值图层	从"差值图层"下拉菜单中选择背景文件用于与源图层进行比较
如果图层大小不同	如果差值图层的大小与源图层不同，用"居中对齐"将会把差值图层放在源图层的中央。使用"拉伸以适合"将会使差值图层伸展或收缩到源图层的大小
匹配容差	指定透明度数值。值越低，透明度越低，范围越精确；值越高，透明度越高，范围越模糊
匹配柔和度	柔化透明和不透明区域之间的边缘
差值前模糊	在做出比较之前，此滑块可通过使两个图层略微变模糊来抑制杂色

[知识演练] 用差值遮罩键控抠像飞鸟

源文件/第4章	初始文件|差值遮罩键控练习.aep
	最终文件|差值遮罩键控练习.aep

步骤01 打开"差值遮罩键控练习.aep"项目文件，有一个飞鸟图层，一个与飞鸟背景颜色相同的纯色固态层，有一个天空的背景云层。选中飞鸟层，打开"差值遮罩"面板。

步骤02 选择"白色纯色1"层，设置"匹配容差"为22，"匹配柔和度"为1%，效果如图4-42所示。

步骤03 将时间轴中的"白色纯色1"固态层眼睛图标关闭，不在窗口中显示该层，此时可明显地看到抠像效果，如图4-43所示。

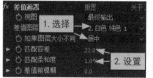

图4-42

如果不把"白色纯色1"固态层的显示关闭，就不会有抠像效果，因为"白色纯色1"固态层是作为差值图层被选择，也就是和源图层（飞鸟.jpg）进行比较运算的层，抠出的图像是与"白色纯色1"层位置和颜色相同的"飞鸟.jpg"层的图像，所以如果在窗口中显示"白色纯色1"层将看不到抠像的效果。

图4-43

4.3.6 内部/外部键控

内部/外部键控特效是比较特殊的键控特效。此键控对于毛发及轮廓可以有较好的键控效果，甚至可以将每一根发丝都清晰地表现出来。

使用内部/外部键控，需要创建蒙版来定义要隔离对象的边缘内部和外部。蒙版可以粗略，不需要完全贴合对象的边缘，也就是需要为对象指定两个遮罩路径，一个遮罩路径定义键出范围的内边缘，另一个遮罩路径定义键出范围的外边缘，根据内外遮罩路径进行像素差异比较，完成键出。其参数名称及作用见表4-6。

表4-6

参数名称	作 用
前景（内部）	为键控特效指定前景遮罩，即内边缘遮罩，此遮罩定义图像中保留的像素范围
其他前景	对于较为复杂的键控对象，需要为其指定多个遮罩，以进行不同部位的键出
背景（外部）	指定键控特效的背景遮罩，即外边缘遮罩，该遮罩定义图像中键出的像素范围
其他背景	在该栏中可以添加更多的背景遮罩
单个蒙版高光半径	仅使用一个遮罩时，该选项被激活，可通过调整参数，沿一个遮罩进行扩展比较
清理前景	根据指定的遮罩路径清除前景色，显示背景色，在该参数栏下可指定多个遮罩路径进行清除设置
清理背景	可以指定需要清除的背景路径，清除背景色，画笔参数与清理前景的画笔参数相同
薄化边缘	指定受抠像影响的遮罩的边界数量，正值使边缘朝透明区域的相反方向移动，从而增大透明区域；负值使边缘朝透明区域移动，可增大前景区域的大小
羽化边缘	柔化抠像区域的边缘，值越高，渲染时间越长
边缘阈值	是一个软屏蔽，用于移除使图像背景产生不需要的、杂色的、不透明度低的像素
反转提取	用于反转前景和背景区域，即反转键出区域
与原始图像混合	指定生成的提取图像与原始图像混合的程度，或称为混合比例

[知识演练] 用内部与外部键抠像飞鸟群

源文件/第4章	初始文件|内部与外部键抠像.aep
	最终文件|内部与外部键抠像.aep

步骤01 打开 "内部与外部键抠像.aep" 项目
文件，选择飞鸟层，在菜单栏中选择 "效
果" → "抠像" → "内部/外部键" 命令，打
开 "内部/外部键" 面板。在合成窗口绘制两
个遮罩蒙版，一个绘制在鸟的边缘，命名为
内部，作为前景遮罩使用，另一个绘制抠像
区域，命名为外部，作为背景遮罩使用，如
图4-44所示。

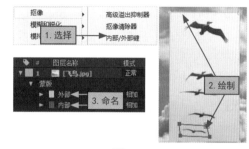

图4-44

步骤02 在 "内部/外部键" 面板中，将前景
（内部）设置为 "内部" 蒙版，将背景（外
部）设置为 "外部" 蒙版，此时可见图像已
经大致被抠出，但还有杂点。设置 "羽化边
缘" 为0.5，"边缘阈值" 为255，可以看到飞
鸟已被抠出，如图4-45所示。

图4-45

4.3.7 | Keylight高级抠像的使用

有一些键控随着软件的升级已逐步被更高级的键控取代，比如线性色键的使用与颜色
范围类似，都是指定一个色彩范围作为键控色，只是线性色键的颜色匹配的类型、容差、
柔和度等设置更丰富一些，但这类键控都不适合半透明对象，比如有毛发类的图像的抠
像，抠像后感觉会很生硬，如图4-46（a）所示。

而内部/外部键虽然支持半透明对象，但在使用的便捷度和最终效果上始终不是特别
理想，这时就可以选择Keylight高级抠像工具。在不少After Effects CC版本中已经集成了
Keylight（1.2），如图4-46（b）所示。

（a）　　　　　　　　　（b）

图4-46

[知识演练] 用Keylight高级键控抠像狮子

源文件/第4章	初始文件|Keylight高级抠像.aep
	最终文件|Keylight高级抠像.aep

步骤01 打开"Keylight高级抠像.aep"项目文件，有一个狮子视频层，一张地面的背景层。在菜单栏中选中狮子层，选择"效果"→"抠像"→KeyLight命令，打开Keylight（1.2）面板。

步骤02 单击"Screen Colour(键控颜色)"旁边的吸管，在合成窗口中绿色部分吸一下，在"View(视图)"下拉列表中选择"Combined Matte(合成蒙版)"选项，如图4-47所示。

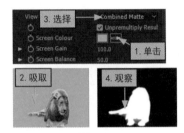

图4-47

步骤03 观察抠像蒙版可以发现，整个画面狮子的主体部分已经抠出来了，连阴影也都抠出来了，只是不透明区还不够柔和，在面板中将Screen Pre-blur(画面模糊)参数设置为1，使边缘产生柔和效果；展开"Screen Matte(屏幕遮罩)"选项，将Screen Softness(柔化Alpha)参数设置为0.1，可以柔化画面的噪点；最后在"View(视图)"下拉列表框中选择"Final Result(最终效果)"选项，显示最终输出效果，狮子被完美抠出，如图4-48所示。

图4-48

知识延伸 | 对抠像结果的检验方式

在抠像过程中，不能只以完成的结果作为抠像标准，需要进行以下两项检验。

使用Alpha通道进行观察

在Alpha通道中，可以从颜色中清晰地看到一些半透明区域，来确认抠像是否完成，需要抠除的区域和需要保留的区域是否有被误抠像，是否有一些噪点未被抠除，可以暂时关闭下方背景层的显示，并将合成窗口切换到透明显示方式下。

使用黑底和白底的遮罩蒙版进行观察

利用黑底和白底进行观察，可以检验是否有边缘未抠干净。在前景中，通常抠像的边缘会由于拍摄原因留下浅色边缘或深色边缘，只有依次用黑底和白底进行观察才可以发现，从而及时消除。

第5章

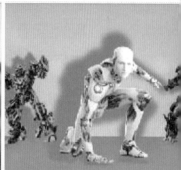

三维空间
的应用

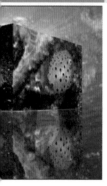

学习目标

　　三维运动的场景有光照、阴影、三维摄像机的透视视角，可以表现出镜头焦距的变化、聚焦的变化、景深的变化等效果。合理地使用和发挥三维合成功能，会给合成制作带来广阔的创意空间。

本章要点

◆ 认识与定义三维图层
◆ 三维图层的常规操作
◆ 摄像机的创建和设置
◆ 摄像机动画的制作
◆ 灯光的创建与应用
……

LESSON
5.1
三维图层的基本操作

知识级别

■初级入门 | □中级提高 | □高级拓展

知识难度 ★★

学习时长 120 分钟

学习目标

① 学习定义图层的三维属性。
② 学习三维图层的常用操作。
③ 学习设置三维图层的视图显示。

※主要内容※

内 容	难 度	内 容	难 度
定义图层的三维属性	★	三维图层的位移与旋转	★★
三维图层锚点的应用	★★	设置三维图层的视图	★

效果预览 > > >

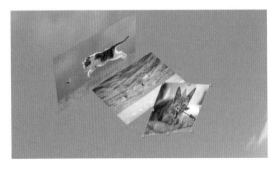

5.1.1 定义图层的三维属性

常规的二维图层有一个X轴和一个Y轴，X轴定义图像左右方向的宽度，Y轴定义图像上下方向的高度，而在可以进行三维合成的图层中，还有一个Z轴，X轴与Y轴形成一个平面，而Z轴是与这个平面垂直的轴向。

Z轴并不能定义图像的厚度，因此三维图层仍然是一个没有厚度的平面，不过Z轴可以使平面图像在深度空间中移动位置，也可以使平面图像在三维空间中旋转任意角度。具有三维属性的图层可以很方便地制作空间透视效果、空间的前后位置放置、空间的角度旋转，或者由多个平面在空间组成盒状的形状。

After Effects中的三维功能，与三维动画软件可以创建真实的三维物体及场景不同，合成软件中的三维功能只是对素材进行三维方式的合成，如图5-1所示。

图5-1

在进行三维合成时，首先要将图层定义为三维图层，After Effects定义三维图层主要有两种方法。

● **单击"3D图层"按钮定义三维图层：** 在"时间轴"面板中单击"图层"按钮，添加3D图层列，单击"3D图层"按钮，将二维图层转换为三维图层，然后对图层进行三维属性的设置，再次单击该按钮，三维图层又可转变回二维图层，同时丢失三维图层的属性设置，如图5-2所示。

● **选择菜单栏命令定义三维图层：** 在"时间轴"面板中选择图层后，在菜单栏中选择"图层"→"3D图层"命令，将图层定义为三维图层，再次选择该命令去掉其左侧的"√"标记后，三维图层又转变回二维图层，如图5-3所示。

图5-2

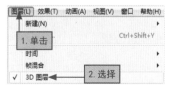

图5-3

在将图层定义为三维图层后，在"合成"窗口中会显示出一个带有3个轴向的坐标轴，如图5-4所示。在时间轴中将图层属性展开，可以看到三维属性的参数选项，如图5-5所示。其参数名称和作用见表5-1。

图5-4

图5-5

表5-1

参数名称	作　　用	参数名称	作　　用
描点Z轴向	可以将轴心点移至图层平面的前后	位置Z轴向	可将图层画面在深度空间中前后移动
缩放Z轴向	通常对Z轴向的缩放并不会对其产生影响，但在将图层锚点的Z轴数值改变到图层的平面之外时，对Z轴向的缩放会对图层与锚点的距离远近产生影响	方向	在X、Y、Z轴3个轴上设置旋转方向，范围均在0°~360°。超过这个范围的数值会自动换算成范围内的数值
X轴旋转	设置X轴的旋转角度。当数值超过360°后会按周进位	Y轴旋转	设置Y轴的旋转角度。当数值超过360°后会按周进位
Z轴旋转	设置Z轴的旋转角度。当数值超过360°后会按周进位	材质选项	此选项下面是与灯光有关的设置
几何选项	可增强渲染速度和效果，将渲染器设为Cinema 4D或光线追踪3D时此选项可用		

5.1.2 三维图层的位移与旋转

三维图层和二维图层一样，可进行位移、缩放、旋转等操作，三维图层展开属性后，可以通过对其"变换"下的参数设置，进行空间位置和角度的调整。

❶ 设置三维图层的位置

对于三维图层的位移，可通过修改"位置"的属性参数或直接在"合成"窗口中拖动图层的坐标轴改变图像的位置。具体操作步骤如下。

[知识演练] 对三维图层进行位移

源文件/第5章	初始文件|三维图层的位移.aep
	最终文件|三维图层的位移.aep

步骤01 打开"三维图层的位移.aep"项目文件。在"合成1"中，将时间轴中的"图1.jpg""图2.jpg""图3.jpg""图4.jpg"层的三维开关打开，如图5-6（a）所示。在预览窗口右下角单击"3D视图弹出式菜单"按钮，在弹出的下拉列表中选择"自定义视图1"选项，如图5-6（b）所示。为了方便查看三维图层的坐标轴，一般需要选择一个浅色的背景，这里将"图4.jpg"层作为背景层显示，效果如图5-6（c）所示。

 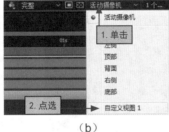 

（a） （b） （c）

图5-6

步骤02 在"时间轴"面板中选中图层，按P键展开位置属性参数，通过此参数改变三维图层的位置，如图5-7（a）所示。也可以在工具栏中选择工具，在"合成"窗口中拖动图层的"坐标轴"来移动图像，如图5-7（b）所示。

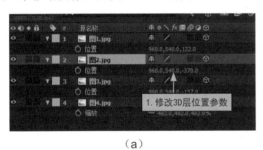 

（a） （b）

图5-7

❷ 设置三维图层的方向和旋转

对于三维图层的方向，可以通过调整"方向"参数进行更改；设置旋转的动画，则可以调整X、Y、Z轴的数值来实现。具体操作步骤如下。

[知识演练] 调整三维图层的方向和旋转

源文件/第5章	初始文件|设置三维图层的方向和旋转.aep
	最终文件|设置三维图层的方向和旋转.aep

步骤01 打开"设置三维图层的方向和旋转.aep"项目文件。在"合成1"中同时选中图1、图2和图3，按R键展开三维图层的"方向"和"旋转"属性，将图片1的方向设置为（0°，0°，359°），将图片2的Z轴旋转45°，将图片3的X轴旋转105°，如图5-8（a）所示。

步骤02 也可以在工具栏上选择旋转工具，在"合成"窗口上选择坐标轴后，按住鼠标左键不放，拖动鼠标即可进行旋转，如图5-8（b）所示。

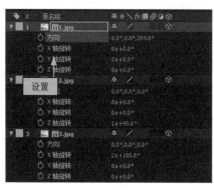
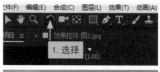
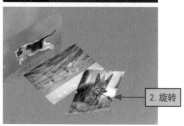

（a） （b）

图5-8

5.1.3 三维图层锚点的应用

三维图层中的锚点就是3个坐标轴相交的位置，也可以把它看作是坐标轴的原点。需要使用锚点工具进行移动，移动锚点的位置可以更好地编辑3D层，移动锚点时，3个坐标轴会一起被移动，具体操作步骤如下。

[知识演练] 设置三维图层的锚点

源文件/第5章	初始文件|设置三维图层的锚点.aep
	最终文件|设置三维图层的锚点.aep

步骤01 打开"设置三维图层的锚点.aep"项目文件，合成1中的图层1、图层2和图层3沿中心旋转，首先同时选中这3个层，然后展开3个层"变换"属性下的"锚点"属性，设置"锚点"和"位置"参数，直到锚点移到图像之外，如图5-9（a）所示（按Shift+A组合键可以在"变换"属性下显示或隐藏"锚点"属性）。也可以在工具栏中选择锚点工具，分别拖动每个3D层的锚点，如图5-9（b）所示。

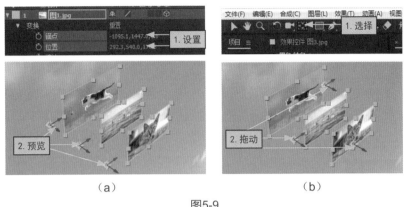

（a）　　　　　　　　　　　　　　（b）

图5-9

步骤02 调整其方向和旋转角度，保持图层1、图层2、图层3的选中状态，将方向和角度全部默认为0°，将Z轴数值设置为-15°。再同时对3个图层进行旋转，可以发现其将围绕图形之外的轴心点进行转动，如图5-10（a）所示。如果3个图层的锚点位置各不相同，那么只会围绕各自的"锚点"进行旋转，如图5-10（b）所示。

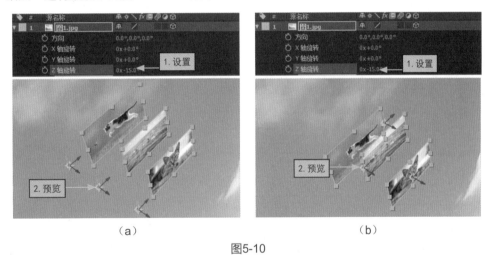

（a）　　　　　　　　　　　　　　（b）

图5-10

5.1.4 设置三维图层的视图

在预览和创建最终视频时，需要使用"活动摄像机"视图进行渲染，可以通过不同的视图类型来查看视频，在"合成"窗口底部单击"3D视图弹出式菜单"下拉按钮，弹出下拉列表，从该下拉列表中可以选择所需的视图类型。

[知识演练] 从不同视图观察三维图层

源文件/第5章	初始文件|三维视图观察.aep
	无

步骤01 打开"三维视图观察.aep"项目文件，单击"3D视图弹出式菜单"下拉按钮，分别选择正面视图、左侧视图、顶部视图、背面视图、右侧视图和底部视图进行观察，它们都是正交视图或称为直角视图，提供了从不同角度观察视图的途径，如图5-11所示。

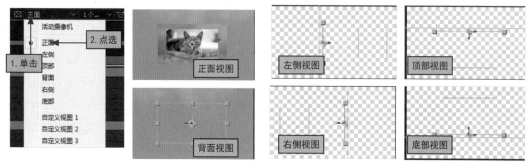

图5-11

步骤02 选择自定义视图1至3，可以看到它们以透视方式显示层，给显示方式设置快捷键，选择菜单栏中的"视图"→"将快捷键分配给正面"命令，如图5-12（a）所示。再选择"F10（替换××）"、"F11（替换××）"或"F12（替换××）"选项，就可以把当前处于激活状态的视图显示替换为指定快捷键，如图5-12（b）所示。

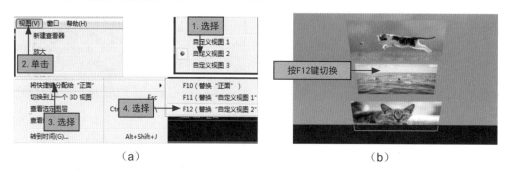

（a） （b）

图5-12

在三维空间中需要从关键帧位置观察创建的物体。另外正交视图（前、后、顶、底等非透视图）可以更好地获得物体的关系、比例和位置，而透视图会改变物体的大小。

LESSON 5.2 摄像机的基本操作

知识级别

□初级入门 | ■中级提高 | □高级拓展

知识难度 ★★★

学习时长 120 分钟

学习目标

① 学习摄像机的创建。
② 学习摄像机的属性设置。
③ 学习摄像机的动画制作。

※主要内容※

内 容	难 度	内 容	难 度
创建与调整摄像机	★	设置摄像机动画	★★★
多个摄像机的使用	★★		

效果预览 > > >

5.2.1 创建与调整摄像机

在三维合成中，可以使用不同的3D视角来预览合成效果。在三维图层的角度或位置不变的情况下，如果视角发生变化，其合成的效果也会发生相应变化。利用三维图层的变化或3D视角的变化，都可引起相应的合成效果变化，这里的3D视角可以通过创建和设置三维摄像机来实现。

当为一个合成设置摄像机视图时，实际上就是透过这个摄像机来观察这个层，在"时间轴"面板中，激活的摄像机位于顶部，在创建最终的输出时，使用的就是激活的摄像机视图。

具体操作步骤如下。

[知识演练] 创建与调整摄像机练习

源文件/第5章	初始文件|摄像机创建与设置.aep
	最终文件|摄像机创建与设置.aep

步骤01 打开"摄像机创建与设置.aep"项目文件，有一个已经被定义的三维图层，选中"宇航员.mp4"层，在菜单栏中选择"图层"→"新建"→"摄像机"命令，打开"摄像机设置"对话框，设置"预设"为24毫米，如图5-13所示。

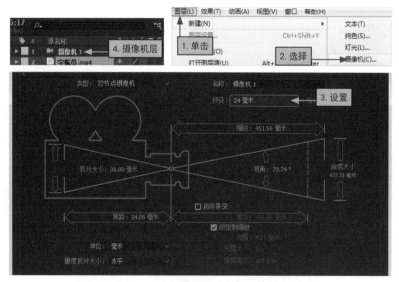

图5-13

其参数名称及作用见表5-2。

表5-2

参数名称	作　用	参数名称	作　用
类型	可选择单节点摄像机或双节点摄像机。单节点摄像机围绕自身定向，双节点摄像机具有目标点并围绕该点定向	名称	新建摄像机的默认名称，也可以自定义
预设	每个预设都有不同的视角、缩放、定焦点、距离、焦距和光圈等参数组合	缩放	用于设置摄像机位置与视图面的距离
胶片大小	模拟摄像机所使用的胶片尺寸，与合成画面的大小相对应	视角	视角的大小由焦距、胶片大小和缩放设置所决定，也可自定义该数值
合成大小	合成画面的宽度、高度或对角线的大小	焦距	摄像机焦距的大小，即胶片到摄像机透视镜的距离
启用景深	建立真实的摄像机调焦效果，勾选此复选框可设置摄像机的焦点范围等与景深有关的参数，可将焦点范围外的图像模糊	锁定到缩放	选中此复选框后，可以使焦距和缩放值的大小匹配
单位	使用像素、英寸或毫米作为单位	量度胶片大小	用于改变胶片尺寸的基准方向，包含水平、垂直和对角线3个方向选项
光圈	改变透视镜的大小，选中"启用景深"复选框后该参数可用	光圈大小	焦距到光圈的比例，模拟摄像机使用大光圈，选中"启用景深"复选框后可用
模糊层次	景深模糊的大小，选中"启用景深"复选框后该参数可用，数值为100%时为摄像机设置规定的自然模糊		

步骤02 单击"确定"按钮，摄像机被创建好，可以看到该视图不同于默认的摄像机视图，如图5-14所示。

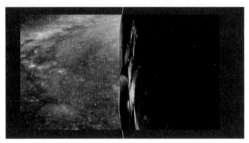

图5-14

步骤03 需要注意的是，必须从"合成"窗口的"3D视图弹出式菜单"下拉菜单中选择"自定义视图1"命令，才可看到添加的摄像机，在默认的"活动摄像机"视图中是看不到添加的摄像机轮廓的，如图5-15所示。

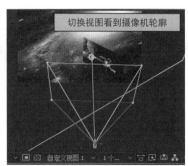

图5-15

步骤04 在"时间轴"面板中选择创建的摄像机1层，然后选择工具栏中的摄像机工具调整当前摄像机视角默认会使用"统一摄像机工具"在"合成"窗口中按住鼠标左键并拖动，可以对图像进行旋转；按下鼠标中键并拖动可以平移；按下鼠标右键并拖动可以放大/缩小画面，在工具栏中按住"统一摄像机工具"按钮不放可以切换到另外3个工具按钮，如图5-16所示。参数名称和作用见表5-3。

图5-16

表5-3

参　　数	作　　用
轨道摄像机工具	可对整个摄像机画面进行旋转操作，对应统一摄像机工具下按住鼠标左键拖动的操作
跟踪XY摄像机工具	可对整个摄像机画面进行移动操作，对应统一摄像机工具下按住鼠标中键拖动的操作
跟踪Z摄像机工具	可对整个摄像机画面进行缩放操作，对应统一摄像机工具下按住鼠标右键拖动的操作

5.2.2 设置摄像机动画

　　默认的摄像机不能被设置成动画，因此通常在制作中需要在合成中添加新的摄像机，其带有可以被设置成关键帧的属性。具体操作步骤如下。

[知识演练] 制作摄像机的动画

源文件/第5章	初始文件|设置摄像机动画.aep
	最终文件|设置摄像机动画.aep

步骤01 打开"设置摄像机动画.aep"项目文件，可以看到一个设置好了的三维视频画面魔方组合，为了方便操作，已经把每个视频单独放入一个合成，为合成定义了三维属性，此时画面并没有任何动画，先添加一个摄像机。将视图切换到顶视频，可以看到摄像机所包含画面的结构，如图5-17所示。

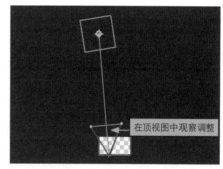

图5-17

步骤02 展开摄像机属性，把时间指示器移到第0秒，单击"位置""景深""焦距"属性旁边的码表，自动产生一个关键帧，把位置的Z轴数值调低到150.4，焦距调低到400，如图5-18（a）所示。魔方在远处位置模糊显示，如图5-18（b）所示。

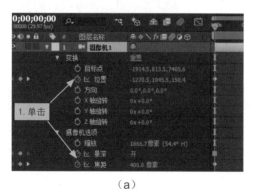

（a）

（b）

图5-18

步骤03 将时间指示器移到第5秒，在顶视图中调整摄像机，设置XY轴的数值，将Z的数值设置为3329.4，焦距设置为2500，如图5-19（a）所示。这时魔方会一边旋转一边往近处放大显示，并越来越清晰，如图5-19（b）所示。

（a） （b）

图5-19

步骤04 按上面的步骤，在第10秒、第15秒、第20秒、第25秒、第30秒的位置分别设置摄像机的轨迹位置和焦距变化，即画面变小焦距设置变小，画面放大焦距设置变大，如图5-20（a）所示。可以看到形成了一个圆形的动画轨迹，用顶点转换工具把摄像机轨迹上的动画点转换成曲线方式，如图5-20（b）所示。效果如图5-20（c）所示。

 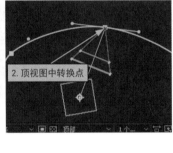 

（a） （b） （c）

图5-20

5.2.3 多个摄像机的使用

建立了多个摄像机后，可以缩短不同摄像机层的长度，当时间播放到某一个摄像机层的位置时，将会以当前摄像机的视角来显示合成效果，这样就可以在后期制作时灵活地切换不同的镜头角度。当时间指示器移到摄像机层外时，将不再按摄像机的视角显示合成效果。具体操作步骤如下。

[知识演练] 多个摄像机的使用练习

源文件/第5章	初始文件|多个摄像机的使用.aep
	最终文件|多个摄像机的使用.aep

步骤01 打开"多个摄像机的使用.aep"项目文件，在时间轴中有两个摄像机层，第1个摄像机的

入点为第8秒，出点为第15秒；第2个摄像机的入点为第15秒，出点为最后一秒，在第0秒和第15秒之间没有活动的摄像机层，所以播放只显示默认的视图效果，如图5-21所示。

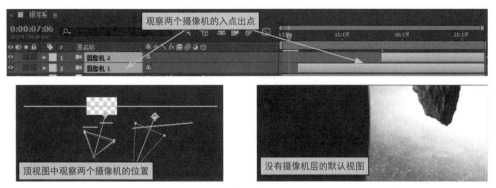

图5-21

步骤02 将时间指示器移到第8秒至第15秒，活动摄像机就会变为摄像机1层，宇宙飞船飞行的视图效果，如图5-22所示。

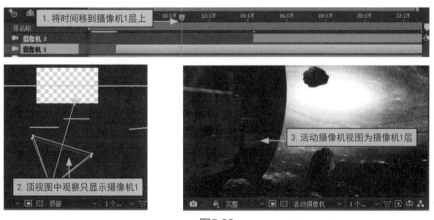

图5-22

步骤03 将时间指示器移到第15秒至第23秒，可以看到此处虽然同时有两个摄像机层，但因为摄像机2层在摄像机1层之上，所以以摄像机2为活动摄像机，在"合成"窗口中显示为摄像机2的宇航员视图效果。如图5-23所示。

图5-23

LESSON 5.3 三维场景中的灯光

知识级别

☐初级入门 | ■中级提高 | ☐高级拓展

知识难度 ★★★

学习时长 100 分钟

学习目标

① 学习灯光的创建。
② 学习灯光的属性设置。
③ 学习灯光的动画制作。

※主要内容※

内　容	难度	内　容	难度
创建灯光	★	设置灯光和图层的投影	★★★
制作灯光的效果动画	★★★		

效果预览 > > >

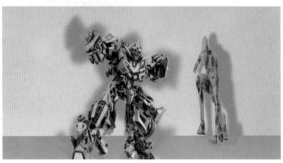

5.3.1 创建灯光

灯光是一个特殊类型的层，不使用灯光，三维图层看起来会很平淡，如图5-24（a）所示；使用灯光后，就会变得有层次感和立体感，如图5-24（b）所示。

（a）　　　　　　　　　　　　　　　　（b）

图5-24

软件提供了4种类型的灯光，分别是"平行灯光""聚光灯""点光源"和"环境灯光"，一般最常用的是聚光灯具体操作步骤如下。

[知识演练] 灯光的创建练习

源文件/第5章	初始文件|灯光创建练习.aep
	最终文件|灯光创建练习.aep

步骤01 打开"灯光创建练习.aep"项目文件，在里面有一个设置好的3D层。

步骤02 选中"奔跑.mp4"层，单击"图层"菜单项，在弹出的下拉菜单中选择"新建"→"灯光"命令，打开"灯光设置"对话框，"灯光类型"选择"聚光"选项，其他保持默认设置，单击"确定"按钮，灯光层被创建好，如图5-25所示。

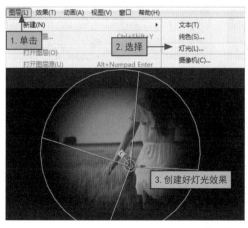

图5-25

灯光类型主要分为4种，见表5-4。

表5-4

参数	作　用	参数	作　用
平行灯光	具有方向性，不受光源距离限制，当需要让灯光均匀地照射一个物体或者使光从一个特定的点发出来时最好使用这种类型的灯光，如图5-26所示	点灯光	这是一种不受约束的全方向性灯光，在需要营造一种灯泡照亮周围环境效果时可使用这种灯光，如图5-27所示
聚光灯	这种灯光能够产生锥形光柱，是最常使用的类型，可以控制灯光所有属性。如图5-28所示	环境灯光	这种灯光没有光源而且不投射阴影，它为合成提供整体照明，最好把它作为辅助灯光为所有物体创建总体的亮度水平，如图5-29所示
强度	设置灯光的亮度，如果把强度设为负值，会创建出"负灯光"层，这种灯光会从层上吸收颜色，并创建出暗的区域	颜色	用于设置灯光的颜色
锥形角度	用于设置聚光灯照射范围的大小	锥形羽化	用于设置聚光灯发射出的灯光边缘柔和度
衰减	用于设置灯光照射范围的强弱过渡效果	投影	用于设置灯光光源是否在一个层上产生投影
阴影深度	用于设置阴影的暗度或者颜色深度的水平，选择投影才可用	阴影扩散	用于设置阴影的柔和度，设置的数值越大阴影越柔和，选择投影后才可用

图5-26

图5-27

图5-28

图5-29

5.3.2 设置灯光和图层的投影

添加灯光后，会显示灯光图层，其两组属性：一组是与其他图层相同的变换属性，包含"锚点""位置""方向"和"旋转"等参数；另一组则是灯光图层特有的属性，包括"强度""颜色""衰减""半径""衰减距离"和"投影"等参数。

灯光创建好后，最终让照射的物体有投影的效果，还需要和图层中的材质设置相配合，图层中的材质选项如图5-30所示。参数名称及作用见表5-5。

图5-30

表5-5

参数名称	作 用	参数名称	作 用
材质选项	其下是三维图层与灯光相关的材质选项设置	投影	设置打开或关闭投影效果。投影即由灯光照射引起，在其他图层上产生的投射阴影
透光率	设置灯光穿过图层的百分比数值，通过该参数设置灯光颜色透过本图层投射到其他层上，可以用来建立灯光穿过毛玻璃的效果	环境	设置层对环境灯光的反射率，当数值为100%时反射率最大，当数值为0%时没有反射
接受阴影	设置打开或关闭接受其他图层投射的阴影	接受灯光	设置打开或关闭接受灯光的照射
漫射	设置层上光的漫射率，当数值为100%时漫射率最大，当数值为0%时漫射率最小	镜面强度	设置层上镜面反射高光的强度，高光的反射强度随百分比数值大小的增减而增减
镜面反光度	设置层上高光的大小，其与百分比数值的变化相反，当数值为100%时，反光最小，当数值为0%时，反光最大	金属质感	设置在层上镜面高光的颜色，当数值为100%时为层的颜色，当数值为0%时为光源的颜色

具体操作步骤如下。

[知识演练] 为机器人组设置灯光与投影

源文件/第5章	初始文件|设置灯光与投影.aep
	最终文件|设置灯光与投影.aep

步骤01 打开"设置灯光与投影.aep"项目文件，可以看到文件中的魔方组合层、向下嵌套的"磨方合成"层，以及魔方合成下再嵌套的"图片和视频合成"层均已设定为3D层，并建立好一个摄像机和一个环境灯光，如图5-31所示。

图5-31

步骤02 新建一个聚光灯，切换到用户自定义视图1，选择工具栏上的摄像机对视图进行调整，形成一个透视视图，如图5-32所示。

图5-32

步骤03 调整灯光位置，使距离"魔方组2合成"层更远，配合顶视图和左视图调整3D固态层背景"白色3和白色4"（先建好的背景墙和地面）的位置，使其在"魔方组2合成"的两侧，距离不要太近，如图5-33所示。

　　需要注意的是，投影物体与被投影物体的距离太远，阴影面积会变得很大，太近会看不出阴影效果，所以距离应适中。

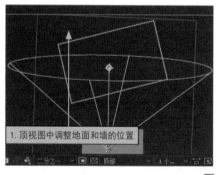
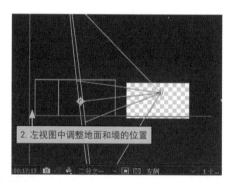

图5-33

步骤04 查看光照效果，没有产生任何投影效果，展开灯光层，将"灯光选项"中的"投影"设置为"打开"，并设置"强度""角度"和"羽化"，如图5-34（a）所示。将"魔方组2"合成下的"魔方2"合成双击打开，框选"魔方2的图片和视频1至4"的所有合成层，将"投影"
和"接受阴影"设置为打开，这样既能投射阴影也能接收阴影，接着设置"环境""漫射"和
"镜面强度"，以加强效果，如图5-34（b）所示。

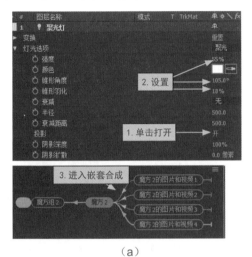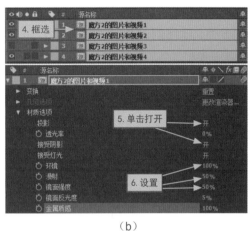

<table>
<tr><td>（a）</td><td>（b）</td></tr>
</table>

图5-34

步骤05 框选"白色3和白色4"固态层并将"接收投影"打开，在墙面和地面固态层上分别产生
投影效果，如图5-35所示。

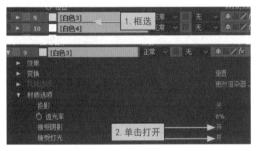

图5-35

步骤06 虽然有阴影效果，但太深太硬，调整
聚光灯层下的投影参数，设置"阴影深度"
为70%，"阴影扩散"为50像素，现在阴影柔
和自然多了，如图5-36所示。

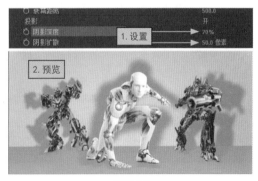

图5-36

5.3.3 | 制作灯光的效果动画

灯光层也可以像普通图层或摄像机层一样制作位移、旋转等动画，同时也可以在灯光选项中设置各种动画，比如灯光颜色、衰减和投影等。具体操作步骤如下。

[知识演练] 制作灯光的效果动画

源文件/第5章	初始文件|灯光动画.aep
	最终文件|灯光动画.aep

步骤01 打开"灯光动画.aep"项目文件，选择顶视图，在第0帧单击"锚点""位置""强度""颜色"和"锥形角度"的码表。设置颜色为"暗红色"，"锥形角度"为85°。将时间指示器移到第3秒，在码表的属性上添加一个关键帧，如图5-37所示。将时间指示器移到第5秒，设置"颜色"为纯白，"强度"为75%，"锥形角度"为38°，白色机器人成为聚光灯焦点，如图5-38所示。

图5-37

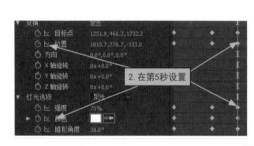

图5-38

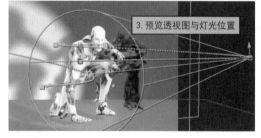

步骤02 将时间指示器移到第8秒的位置，继续设置"锚点"、"位置"和锥形角度，完成聚光灯跟随3D图像移动并变色的动画，如图5-39所示。将第8秒2帧"强度"设置为0，这样在机器人3D组开始旋转运动时使整个灯光暗下来，第8秒10帧位置添加一个关键帧，此时强度值依然为0，在第8秒12帧位置再次把关键帧的强度值设为75，这样机器人3D组旋转运动停止时灯光又从暗变亮，聚焦照射在另一机器人身上成为焦点，如图5-40所示。

图5-39

图5-40

第6章

常用滤镜
特效

学习目标

　　After Effects 内置了很多滤镜，利用这些滤镜可以使影片具有较高的艺术欣赏价值。通过对本章内容的学习，可以为平淡的图像、影像增添炫目的画面效果。

本章要点

◆ 效果的应用
◆ 双向模糊
◆ 光圈擦除
◆ 画笔描边
......

LESSON 6.1 使用和控制内置效果

知识级别

■初级入门 | □中级提高 | □高级拓展

知识难度 ★★

学习时长 20 分钟

学习目标

① 掌握效果的应用方法。
② 了解临时关闭效果或删除效果的操作。
③ 学会修改效果。

※主要内容※

内　容	难　度	内　容	难　度
效果的应用	★	临时关闭效果	★★
删除效果	★★		

效果预览 > > >

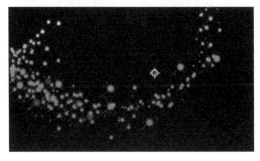

6.1.1 效果的应用

在After Effects中内置了200多种效果，将不同的效果应用到不同的图层中可以产生各种各样的效果，如图6-1所示。

图6-1

给图层添加效果的方法有多种，可根据情况灵活应用，下面进行具体介绍。

● 在"合成"窗口选中某个图层，在"效果"下拉菜单中选择的各种效果命令。

● 在"合成"窗口选中某个图层，单击鼠标右键，在弹出的菜单中选择"效果"命令，在其子菜单中选择各种效果。

● 在"效果和预设"面板中选择需要使用的效果，然后将其拖曳到"时间轴"面板中的图层。

● 在"效果和预设"面板中选择需要使用的效果，然后将其拖曳到需要添加该效果图层的"效果控件"面板中。

6.1.2 临时关闭效果

在实际应用中有时需要对效果进行比较，从而选择合适的效果。这时就需要临时关闭效果以便于进行比较，临时关闭效果只需单击已添加效果前面的"fx"标记即可，如图6-2所示。

图6-2

单击"fx"标记后，添加的效果会临时关闭，再次单击"fx"标记则会打开效果，如图6-3所示。

图6-3

6.1.3 删除效果

当应用某个效果后觉得不太合适，需要更换其他效果时，则需要删除已添加的效果，删除效果的有两种方法。

● 选中已添加效果的图层，打开"效果"面板，选中要删除的效果名称，按Delete键或Backspace键删除，如图6-4（a）所示。

● 选中已添加效果的图层，在"项目"窗口的"效果控件"面板中选择需要删除的效果名称，按Delete键或Backspace键删除，如图6-4（b）所示。

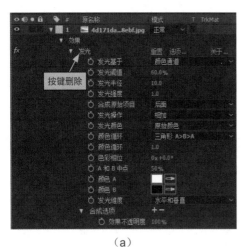 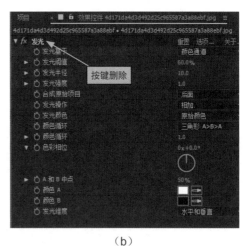

（a）   （b）

图6-4

知识延伸 | 修改效果

不同的效果都有其对应的参数，主要是对其参数进行调节，从而实现对效果的修改。

实战应用 给"光"文件添加效果进行修改

本例通过为"光"文件添加效果,来说明效果的用法。

源文件/第6章	初始文件|光.aep
	最终文件|光.aep

步骤01 打开"光.aep"项目文件,里面只有"光.jpg"一个图层。选中"光.jpg"图层,单击
"效果"菜单项,在弹出的下拉菜单中选择"风格化"→"发光"命令,添加发光效果,如图
6-5所示。

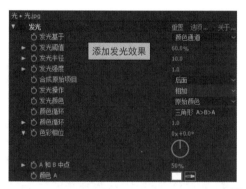 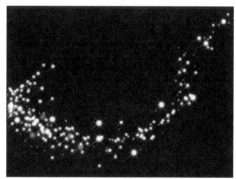

图6-5

步骤02 保持"光.jpg"图层的选中状态,单击"效果"菜单项,在弹出的下拉菜单中选择"生
成"→"四色渐变"命令,添加渐变效果,展开添加的"四色渐变"效果,将"混合模式"设
置为相乘,如图6-6所示。

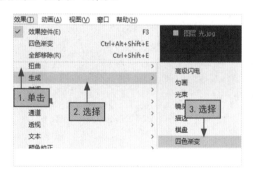 

图6-6

步骤03 保持"光.jpg"图层的选中状态,单击"效果"菜单项,在弹出的下拉菜单中选择"模
糊与锐化"→"定向模糊"命令,将"模糊长度"设置为7,单击"定向模糊"前的"fx",关
闭模糊效果,进行比较,如图6-7所示。

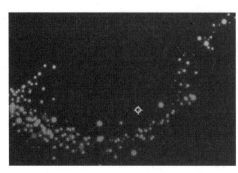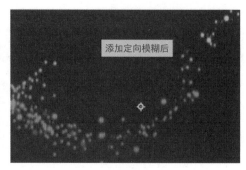

图6-7

步骤04 进行比较，如果"把定向模糊"改为"钝化模糊"会更好，选择"定向模糊"按 Backspace键删除效果，单击"效果"菜单项，在弹出的下拉菜单中选择"模糊与锐化"→"钝化模糊"命令，如图6-8所示。

图6-8

步骤05 添加"钝化模糊"后效果也不是特别好，这时可以通过效果修改使合成效果更好，设置"钝化蒙版"为50，半径为10，如图6-9所示。

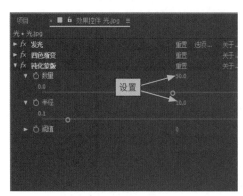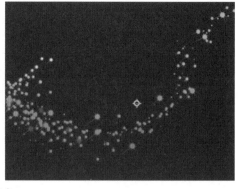

图6-9

LESSON 6.2 模糊与锐化滤镜

知识级别

□初级入门 | ■中级提高 | □高级拓展

知识难度 ★★★

学习时长 100 分钟

学习目标

①了解模糊与锐化的用法。
② 对常用的几种模糊与锐化滤镜能够使用。
③ 综合应用模拟与锐化。

※主要内容※

内　容	难　度	内　容	难　度
双向模糊	★	方框模糊	★
通道模糊	★	复合模糊	★
摄像机镜头模糊	★	高斯模糊	★
定向模糊	★	径向模糊	★
智能模糊	★	锐化	★★
钝化蒙版	★		

效果预览 > > >

模糊与锐化主要用来调整素材的清晰程度或模糊程度，可根据不同的用途对素材的不同区域或不同层进行模糊或锐化调整。

6.2.1 双向模糊

双向模糊一般用于在进行图像模糊的过程中，加入像素间的相似程度运算。可选择性的使图像变模糊，从而保留边缘和其他细节。一般来说，图像中像素差值大的高对比度区域的模糊效果比低对比度区域弱。"双向模糊"面板如图6-10所示，参数名称及作用见表6-1。

图6-10

表6-1

参数名称	作 用
半径	用于设置模糊的半径
阈值	用于设置模糊的强度
彩色化	用于设置图像的彩色化，若不选择，则图像为黑白效果

单击"效果"菜单项，在弹出的下拉菜单中选择"模糊和锐化"→"双向模糊"命令添加"双向模糊"特效，使用该特效前后效果对比如图6-11所示。

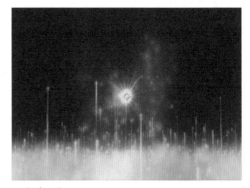

▲添加前   ▲添加后

图6-11

6.2.2 方框模糊

方框模糊常用的是其迭代属性，可以控制模糊的质量。迭代数越大，颜色之间的过渡越平滑，模糊程度越高。方框模糊与快速模糊和高斯模糊相似，"方框模糊"面板如图6-12所示，参数名称及作用见表6-2。

图6-12

表6-2

参数名称	作　　用
模糊半径	用于设置图像模糊的半径
迭代	用于控制图像模糊的质量
模糊方向	用于设置图像模糊的方向，包括"水平和垂直""水平"和"垂直"3种方向
重复边缘像素	用于设置图像边缘的模糊

单击"效果"菜单项，在弹出的下拉菜单中选择"模糊和锐化"→"方框模糊"命令添加"方框模糊"特效，添加该特效的前后效果对比如图6-13所示。

▲添加前

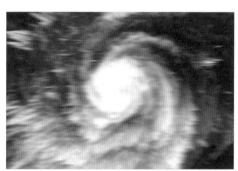

▲添加后

图6-13

6.2.3 通道模糊

通道模糊与前两种不太一样，它是分别对图像中的红绿蓝和Alpha通道进行模糊，"通道模糊"面板如图6-14所示，参数名称及作用见表6-3。

图6-14

表6-3

参数名称	作　　用
红色模糊度	用于设置图像红色通道的模糊强度
绿色模糊度	用于设置图像绿色通道的模糊强度
蓝色模糊度	用于设置图像蓝色通道的模糊强度
Alpha模糊度	用于设置图像Alpha通道的模糊强度
边缘特性	用于设置图像边缘模糊的重复值
模糊方向	用于设置图像模糊的方向，包括有"水平和垂直""水平"和"垂直"3种方向

单击"效果"菜单项，在弹出的下拉菜单中选择"模糊和锐化"→"通道模糊"命令添加"通道模糊"特效，添加该特效的前后效果对比如图6-15所示。

▲添加前　　　　　　　　　　　　　　　▲添加后

图6-15

6.2.4 复合模糊

复合模糊效果可根据控件图层（也称为模糊图层或模糊图）的明亮度值使效果图层中的像素变模糊，"复合模糊"面板如图6-16所示，参数名称及作用见表6-4。

图6-16

表6-4

参数名称	作　　用
模糊图层	用于指定当前合成中的哪一层为模糊映射层
最大模糊	使受影响图层任何部分变模糊的最大模糊程度
反转模糊	用于反转图层的焦点
如果图层大小不同	用于设置图层的大小匹配方式

单击"效果"菜单项，在弹出的下拉菜单中选择"模糊和锐化"→"复合模糊"命令添加"复合模糊"特效，添加该特效的前后效果对比如图6-17所示。

 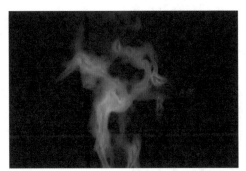

▲添加前　　　　　　　　　　　　　　　▲添加后

图6-17

6.2.5 摄像机镜头模糊

摄像机镜头模糊滤镜大多用于模拟不在摄像机聚焦平面上的物体的模糊效果，它的效果主要取决于"光圈属性"和"模糊图"两个参数，"摄像机镜头模糊"面板如图6-18所示，参数名称及作用见表6-5。

图6-18

表6-5

参数名称	作用
光圈属性	包括形状、圆度、长宽比、旋转和衍射条纹多个属性
衍射条纹	用于创建围绕光圈边缘的光环，以此模拟集中在光圈叶片边缘周围的曲光。设置为100，可看到自然的普通光环；设置为500，可模拟反折射镜头
模糊图	用于影响摄像机镜头模糊效果属性的模糊图
高光	用于修改高于阈值像素的颜色值
增益	用于注入高于阈值的像素的能量
阈值	按增益增强效果使用的发光度限制，与略高于阈值的像素相比，比阈值亮得多的像素的增强效果更多。如果将阈值设置为0，则可增强亮度大于0的所有像素。如果将阈值设置为1，则可有效消除任何高光（除非图像包含过于明亮的像素）
饱和度	增强像素中保留的颜色量

单击"效果"菜单项，在弹出的下拉菜单中选择"模糊和锐化"→"摄像机镜头模糊"命令，添加"摄像机镜头模糊"特效，添加该特效的前后效果对比如图6-19所示。

▲添加前

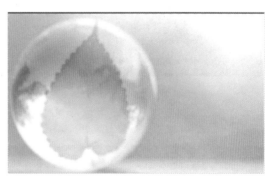

▲添加后

图6-19

6.2.6 | 高斯模糊

高斯模糊主要用于柔和图像，消除噪点，多用于调色，"高斯模糊"面板如图6-20所示，参数名称及作用见表6-6。

图6-20

表6-6

参数名称	作用
模糊度	用于设置图像的模糊强度
模糊方向	用于设置图像模糊的方向，包括"水平和垂直""水平"和"垂直"3种方向
重复边缘像素	用于设置图像边缘的模糊

单击"效果"菜单项，在弹出的下拉菜单中选择"模糊和锐化"→"高斯模糊"命令添加"高斯模糊"特效，添加该特效的前后效果对比如图6-21所示。

▲添加前

▲添加后

图6-21

6.2.7 | 定向模糊

定向模糊一般用于使图像产生运动幻觉的效果，主要包括定向模糊和模糊长度两个属性，定向模糊是指图像模糊的角度；模糊长度用来设置图像的强度，"定向模糊"面板如图6-22所示。

图6-22

单击"效果"菜单项,在弹出的下拉菜单中选择"模糊和锐化"→"定向模糊"命令添加"定向模糊"特效,添加该特效的前后效果对比如图6-23所示。

▲添加前

▲添加后

图6-23

6.2.8 径向模糊

径向模糊效果可围绕某点创建模糊效果,从而模拟推拉或旋转摄像机的效果,"径向模糊"面板如图6-24所示,参数名称及作用见表6-7。

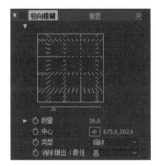

图6-24

表6-7

参数名称	作 用
数量	用于控制模糊的强度
中心	用于设置径向模糊的中心位置
类型	有缩放和旋转两种类型
消除锯齿	用于设置图像的质量,有高低两个选项

单击"效果"菜单项,在弹出的下拉菜单中选择"模糊和锐化"→"径向模糊"命令添加"径向模糊"特效,添加该特效的前后效果对比如图6-25所示。

▲添加前

▲添加后

图6-25

6.2.9 智能模糊

智能模糊效果可使图像变模糊的同时保留图像内的线条和边缘。使阴影区域平滑地变模糊，同时保留文本和矢量图形的明晰轮廓，"智能模糊"面板如图6-26所示，参数名称及作用见表6-8。

图6-26

表6-8

参数名称	作　用
半径	用于设置模糊的半径
阈值	用于设置模糊的强度
模式	包括正常、仅限边缘和叠加边缘3种类型

单击"效果"菜单项，在弹出的下拉菜单中选择"模糊和锐化"→"径向模糊"命令，添加"智能模糊"特效，添加该特效的前后效果对比如图6-27所示。

▲添加前　　　　　　　　　　　▲添加后

图6-27

6.2.10 锐化

"锐化"效果可以在图像颜色发生变化的地方提高对比度，图层的质量设置不影响锐化效果，其他效果根据其锐化量（设置图像的锐化程度）进行变化，"锐化"面板如图6-28所示。

图6-28

单击"效果"菜单项，在弹出的下拉菜单中选择"模糊和锐化"→"径锐化"命令，添加"锐化"特效，添加该特效的前后效果对比如图6-29所示。

▲添加前　　　　　　　　　　　▲添加后

图6-29

6.2.11 钝化蒙版

钝化蒙版效果可增强定义边缘颜色之间的对比度，"钝化蒙版"面板如图6-30所示，参数名称及作用见表6-9。

图6-30

表6-9

参数名称	作　用
数量	用于控制钝化蒙版的强度
半径	用于设置钝化蒙版的半径
阈值	用于设置钝化蒙版的强度

单击"效果"菜单项，在弹出的下拉菜单中选择"模糊和锐化"→"钝化蒙版"命令，添加"钝化蒙版"特效，添加该特效的前后效果对比如图6-31所示。

▲添加前　　　　　　　　　　　▲添加后

图6-31

实战应用 **给动物添加奔跑效果**

本例通过给动物添加奔跑效果，说明模糊与锐化滤镜的用法。

源文件/第6章	初始文件|动物奔跑.aep
	最终文件|动物奔跑.aep

步骤01 打开"动物奔跑.aep"项目文件，可以看到"合成"窗口只有一张jpg格式的图片。在"合成"窗口选中"奔跑动物.jpg"图层，单击"效果"菜单项，选择"模糊和锐化"→"定向模糊"命令，如图6-32所示。

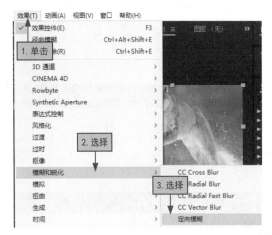

图6-32

步骤02 打开"效果控件"面板，设置"方向"为（0×110°），"模糊长度"为2.0，如图6-33所示。

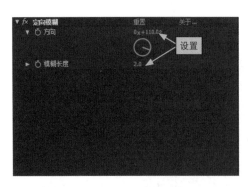

图6-33

步骤03 保持"奔跑动物.jpg"图层的选中状态，单击"效果"菜单项，在弹出的下拉菜单中选择"模糊和锐化"→"径向模糊"命令，设置"数量"为5，"类型"改为缩放，"消除锯齿"为高，如图6-34所示。

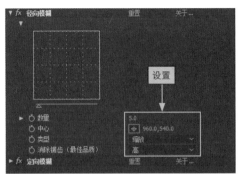

图6-34

步骤04 单击"效果"菜单项，在弹出的下拉菜单中选择"模糊和锐化"→"智能模糊"命令，设置"半径"为5，"阈值"为15，"模式"为正常，如图6-35所示。

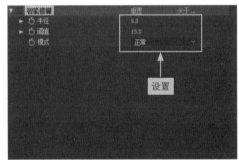

图6-35

LESSON 6.3 过渡滤镜

知识级别

□初级入门 | ■中级提高 | □高级拓展

知识难度 ★★★

学习时长 100 分钟

学习目标

① 认识过渡滤镜。
② 学会使用几种常用的过渡滤镜。
③ 综合应用过渡滤镜。

※主要内容※

内　容	难　度	内　容	难　度
块溶解	★	卡片擦除	★★★
渐变擦除	★★★	光圈擦除	★★★
线性擦除	★★★	径向擦除	★★★
百叶窗	★★★		

效果预览 > > >

过渡滤镜主要用于实现转场特效，After Effects中的转场特效与其他非线性编辑软件中的转场特效不同，例如Premiere、Final Cut Pro等。其他软件的转场特效是作用在镜头与镜头之间的，After Effects的转场则是作用在图层上。

6.3.1 块溶解

块溶解效果一般用于将两个层通过随机产生的板块来溶解图像，两个层重叠的部分将会进行切换，"块溶解"面板如图6-36所示，参数名称及作用见表6-10。

图6-36

表6-10

参数名称	作 用
过渡完成	用于控制转场完成的百分比
块宽度	用于控制融合块状的宽度
块高度	用于控制融合块状的高度
羽化	用于控制融合块状的羽化程度
柔化边缘	用于设置图像融合边缘的柔和控制（仅当质量为最佳时有效）

单击"效果"菜单项，在弹出的下拉菜单中选择"过渡"→"块溶解"命令，添加"块溶解"特效，添加该特效的前后效果对比如图6-37所示。

▲添加前

▲添加后

图6-37

6.3.2 卡片擦除

卡片擦除效果可以模拟一组卡片显示图像，一般用于两个或多个图层的擦除切换，"卡片擦除"面板如图6-38所示，参数名称及作用见表6-11。

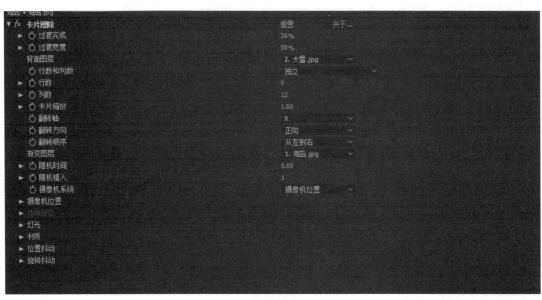

图6-38

表6-11

名　称	作　用	名　称	作　用
过渡完成	用于控制转场完成的百分比	过渡宽度	用于控制卡片擦除的宽度
背面图层	用于在下拉列表中设置一个与当前层进行切换的背景	行数和列数	在"独立"方式下，"行/列数"参数是相互独立的；在"列数受行数限制"方式下，"列数"参数由"行数"控制
行/列数	用于设置卡片的行/列数，在"列数受行数限制"方式下无效	卡片缩放	用于控制卡片的尺寸大小
翻转轴	用于在下拉列表中设置卡片翻转的坐标和轴向	翻转方向	用于在下拉列表中设置卡片翻转的方向
翻转顺序	用于设置卡片翻转的顺序	渐变图层	用于设置渐变层影响卡片切换的效果
随机时间	用于对卡片进行随机定时设置，使所有的卡片翻转时间产生一定的偏差，而不是同时翻转	随机植入	用于设置卡片以随机度切换，不同的随机值产生不同的效果
摄像机系统	用于控制滤镜的摄像机系统	位置抖动	用于对卡片的位置进行抖动设置，使卡片产生颤动效果
旋转抖动	用于对卡片的旋转进行抖动设置		

　　单击"效果"菜单项，在弹出的下拉菜单中选择"过渡"→"卡片擦除"命令，添加"卡片擦除"特效，添加该特效的前后效果对比如图6-39所示。

▲添加前　　　　　　　　　▲添加后

图6-39

6.3.3 | 渐变擦除

"渐变擦除"效果一般用于在两个亮度值不同的层之间建立一个渐变层，通过调节其参数值实现两个图层之间的渐变切换转场，"渐变擦除"面板如图6-40所示，参数名称及作用见表6-12。

图6-40

表6-12

参数名称	作　用
过渡完成	用于控制转场完成的百分比。值为0时，完全显示当前层画面；值为100%时完全显示切换层画面
过渡柔和度	用于设置边缘柔化的程度
渐变图层	用于设置渐变层进行参考
渐变位置	包括"拼贴渐变""中心渐变"和"伸缩渐变以适应"3种方式
反转渐变	渐变层反向，使亮度信息相反

单击"效果"菜单项，在弹出的下拉菜单中选择"过渡"→"渐变擦除"命令，添加"渐变擦除"特效，添加该特效的前后效果对比如图6-41所示。

▲添加前　　　　　　　　　▲添加后

图6-41

6.3.4 光圈擦除

"光圈擦除"效果是在两个图层中以辐射状变化显示下层的画面，通过设置其点的位置、内外径，产生不同的形状效果，"光圈擦除"面板如图6-42所示，参数名称及作用见表6-13。

图6-42

表6-13

参数名称	作用
光圈中心	用于设置辐射的中心位置
点光圈	用于设置辐射多边形的形状
内/外径	用于设置辐射多边形的内/外半径
旋转	用于控制多边形旋转的角度
羽化	用于控制边缘柔化程度

单击"效果"菜单项，在弹出的下拉菜单中选择"过渡"→"光圈擦除"命令，添加"光圈擦除"特效，添加该特效的前后效果对比如图6-43所示。

▲添加前

▲添加后

图6-43

6.3.5 线性擦除

"线性擦除"效果是以线性的方式从某个方向进行擦拭，从而实现转场效果。"线性擦除"面板如图6-44所示，参数名称及作用见表6-14。

图6-44

表6-14

参数名称	作用
过渡完成	用于控制转场完成的百分比
擦拭角度	用于设置转场擦拭的角度
羽化	用于控制擦拭边缘的羽化

单击"效果"菜单项，在弹出的下拉菜单中选择"过渡"→"线性擦除"命令，添加
"线性擦除"特效，添加该特效的前后效果对比如图6-45所示。

▲添加前

▲添加后

图6-45

6.3.6 径向擦除

"径向擦除"效果与"线性擦除"效果相似，可以围绕设置的点选择初始角度，以旋
转的方式擦拭图像，从而实现转场效果。"径向擦除"面板如图6-46所示，参数名称及作
用见表6-15。

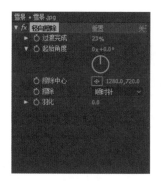

图6-46

表6-15

参数名称	作　用
过渡完成	用于控制转场完成的百分比
起始角度	用于设置擦拭的初始角度
擦除中心	用于设置擦拭中心效果的位置
擦除	用于选择擦拭的类型，包括"顺时针""逆时针"和"两者兼有"3种类型
羽化	用于控制擦拭边缘的羽化

单击"效果"菜单项，在弹出的下拉菜单中选择"过渡"→"径向擦除"命令，添加
"径向擦除"特效，添加该特效的前后效果对比如图6-47所示。

▲添加前

▲添加后

图6-47

6.3.7 百叶窗

"百叶窗"效果类似于百叶窗关闭的形式，通过分割的方式进行擦拭，"百叶窗"面板如图6-48所示，参数名称及作用见表6-16。

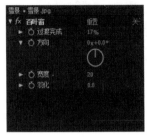

图6-48

表6-16

参数名称	作　用
过渡完成	用于控制转场完成的百分比
方向	用于设置转场擦拭的方向
宽度	用于控制分割的宽度
羽化	用于控制擦拭边缘的羽化

单击"效果"菜单项，在弹出的下拉菜单中选择"过渡"→"百叶窗"命令，添加"百叶窗"特效，添加该特效的前后效果对比如图6-49所示。

▲添加前

▲添加后

图6-49

 实战应用 **四季变化效果**

本例通过实现四季变化效果，说明过滤滤镜的用法。

源文件/第6章	初始文件|四季变换.aep
	最终文件|四季变换.aep

步骤01 打开"四季变换.aep"项目文件，可以看到"合成"窗口中有春夏秋冬的8张素材图片。选中图片"春.jpg"图层，单击"效果"菜单项，在弹出的下拉菜单中选择"过渡"→"光圈

擦除"命令，添加转场效果。设置"点光圈"为32，把时间指示器移到第0秒，设置"外径"
为0，将时间指示器移到第1秒，设置"外径"为593，如图6-50所示。

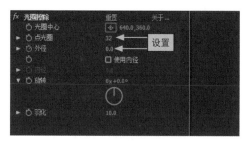

图6-50

步骤02 选中"春.jpg""夏1.jpg"图层，单击"效果"菜单项，在弹出的下拉菜单中选择"过
渡"→"百叶窗"命令，添加转场效果。打开图层"春天.jpg"效果参数设置面板，把时间指
示器移到1秒14帧处，并将"过渡完成"设置为0，添加关键帧，把时间指示器移到第2秒16帧
处，并将"过渡完成"设置为100%；打开图层"夏1.jpg"效果参数设置面板，把时间指示器移
到第3秒09帧处，并将"过渡完成"设置为0，添加关键帧，把时间指示器移到第4秒01帧处，
并将"过渡完成"设置为100%，如图6-51所示。

图6-51

步骤03 选中"夏.jpg"图层，单击"效果"菜单项，在弹出的下拉菜单中选择"过渡"→"块溶
解"命令。打开参数设置面板，把时间指示器移到第2秒11帧处，并将"过渡完成"设置为0，设
置关键帧，把时间指示器移到第3秒01帧处，并将"过渡完成"设置为73%，如图6-52所示。

图6-52

步骤04 选中"秋.jpg"图层，单击"效果"菜单项，在弹出的下拉菜单中选择"过渡"→"线性擦除"命令。打开参数设置面板，设置"擦拭角度"为120°，把时间指示器移到第4秒15帧处，并将"过渡完成"设置为0，设置关键帧，把时间指示器移到第5秒处，并将"过渡完成"设置为50%，如图6-53所示。

图6-53

步骤05 选中"秋天.jpg"图层，单击"效果"菜单项，在弹出的下拉菜单中选择"过渡"→"渐变擦除"命令。打开参数设置面板，设置"渐变图层"为"秋天.jpg"图层，把时间指示器移到第5秒14帧处，并将"过渡完成"设置为0，设置关键帧，把时间指示器移到第6秒01帧处，并将"过渡完成"设置为33%，如图6-54所示。

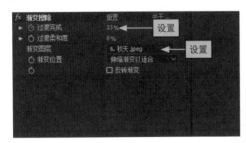

图6-54

步骤06 选中"大雪.jpg"图层，单击"效果"菜单项，在弹出的下拉菜单中选择"过渡"→"光圈擦除"命令。打开参数设置面板，设置"点光圈"为32，把时间指示器移到第6秒23帧处，并将"外径"设为0，设置关键帧，把时间指示器移到第7秒07帧处，并将"外径"设置为1089，如图6-55所示。

图6-55

LESSON
6.4 风格化滤镜

知识级别

□初级入门 | ■中级提高 | □高级拓展

知识难度 ★★★

学习时长 100 分钟

学习目标

① 认识几种风格化滤镜。
② 学习常用的几种风格化滤镜。
③ 学习综合使用风格化滤镜。

※主要内容※

内 容	难 度	内 容	难 度
画笔描边	★	发光	★
卡通	★	马赛克	★
浮雕	★	纹理化	★
查找边缘	★	CC Kaleida	★

效果预览 > > >

风格化滤镜特效在实际应用中变化无穷，主要用来模拟一些实际的绘画效果或为画面提供某种风格化效果。

6.4.1 画笔描边

"画笔描边"又称为"笔触效果"，"画笔描边"效果可将粗糙的绘画外观应用到图像，也可以使用此效果来实现点描画法样式，"画笔搭边"面板如图6-56所示，参数名称及作用见表6-17。

图6-56

表6-17

参数名称	作 用
描边角度	用于控制笔触的角度
画笔大小	用于设置画笔的大小
描边长度	用于控制笔触的长度
描边浓度	用于设置笔触的浓度
描边随机性	用于创建不一致的描边
绘画表面	用于指定应用笔刷描边的位置
与原始图像混合	效果图像的透明度。效果图像与原始图像混合的结果，并在上面合成效果图像结果。

单击"效果"菜单项，在弹出的下拉菜单中选择"风格化"→"画笔描边"命令，添加"画笔搭边"特效，添加该特效的前后效果对比如图6-57所示。

▲添加前

▲添加后

图6-57

6.4.2 卡通

"卡通"效果可简化和平滑图像中的阴影与颜色，并可将描边添加到轮廓间的边缘

上。与提供相似结果的某些其他效果和技术相比，"卡通"效果的优势是该效果可提供出
众的时间相干性，"卡通"面板如图6-58所示，参数名称及作用见表6-18。

图6-58

表6-18

参数名称	作　用
渲染	用于要执行的操作以及要显示的结果
细节半径	用于在查找边缘的操作之前平滑图像和移除细节
细节阈值	在存在边缘或其他突出细节的区域中，模糊半径会自动减小
填充	图像的明亮度值根据"阴影步骤"和"阴影平滑度"属性的设置进行量化（色调分离）
边缘	用于确定被视为边缘的对象的基本要素，以及对边缘应用的描边的显示方式
高级	与边缘和性能有关的高级设置
边缘对比度	边缘灰度表示中的对比
边缘增强	正值用于锐化边缘；负值用于扩展边缘。

单击"效果"菜单项，在弹出的下拉菜单中选择"风格化"→"卡通"命令，添加
"卡通"特效，添加该特效的前后效果对比如图6-59所示。

▲添加前

▲添加后

图6-59

6.4.3 浮雕

"浮雕"效果可锐化图像的对象边缘，并可抑制颜色。此效果还会根据指定角度对边
缘使用高光，通过控制"起伏"设置，图层的品质设置会影响浮雕效果，"浮雕"面板如
图6-60所示，参数名称及作用见表6-19。

图6-60

表6-19

参数名称	作　用
方向	高光源发光的方向
起伏	用于控制高光边缘的最大宽度
对比度	用于确定图像的锐度
与原始图像混合	效果图像的透明度。效果图像与原始图像混合的结果，并在上面合成效果图像结果

单击"效果"菜单项，在弹出的下拉菜单中选择"风格化"→"浮雕"命令，添加"浮雕"特效，添加该特效的前后效果对比如图6-61所示。

▲添加前

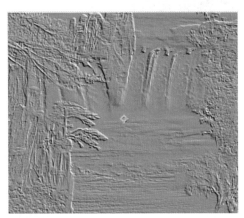
▲添加后

图6-61

6.4.4 查找边缘

"查找边缘"效果可确定具有大过渡的图像区域，并可强调边缘。在应用"查找边缘"效果时，图像通常看似原始图像的草图。参数组中主要有"反转"和"与原始图像混合"两个设置选项，如图6-62所示。

图6-62

单击"效果"菜单项，在弹出的下拉菜单中选择"风格化"→"查找边缘"命令，添加"查找边缘"特效，添加该特效的前后效果对比如图6-63所示。

▲添加前

▲添加后

图6-63

6.4.5 发光

"发光"效果可找到图像的较亮部分，并使该像素和周围的像素变亮，以创建漫射的发光光环。"发光"效果也可以模拟明亮的光照对象的过渡曝光，"发光"面板如图6-64所示，参数名称及作用见表6-20。

图6-64

表6-20

参数名称	作 用
发光基于	用于确定发光是基于颜色值还是透明度值
发光阈值	用于将阈值设置为不向其应用发光的亮度百分比
发光半径	发光效果从图像的明亮区域开始延伸的距离
发光强度/颜色	发光的亮度/颜色
合成原始项目	用于指定如何合成效果结果和图层
颜色循环	选择"A 和 B 颜色"作为"发光颜色"的值时，使用的是渐变曲线的形状
颜色循环	选择两个或更多循环时，用于创建发光的多色环
色彩相位	在颜色周期中，开始颜色循环的位置
A 和 B 中点	用于指定渐变中使用的两种颜色之间的平衡点
颜色 A/颜色 B	在选择"A 和 B 颜色"作为"发光颜色"的值时，发光的颜色
发光维度	用于指定发光是水平的、垂直的或两者兼有的

单击"效果"菜单项，在弹出的下拉菜单中选择"风格化"→"发光"命令，添加"发光"特效，添加该特效的前后效果对比如图6-65所示。

▲添加前

▲添加后

图6-65

6.4.6 马赛克

"马赛克"效果可使用纯色矩形填充图层，以使原始图像像素化。此效果可用于模拟低分辨率显示，以及遮蔽面部，"马赛克"面板如图6-66所示，参数名称及作用见表6-21。

图6-66

表6-21

参数名称	作　用
水平块	每行的块数
垂直块	每列的块数
锐化颜色	用于为每个拼贴提供原始图像相应区域中心的像素颜色。否则，为每个拼贴提供原始图像相应区域的平均颜色

单击"效果"菜单项，在弹出的下拉菜单中选择"风格化"→"马赛克"命令，添加"马赛克"特效，添加该特效的前后效果对比如图6-67所示。

▲添加前

▲添加后

图6-67

6.4.7 纹理化

"纹理化"效果可让图层看起来具有其他图层的纹理，"纹理化"面板如图6-68所示，参数名称及作用见表6-22。

图6-68

表6-22

参数名称	作　用
纹理图层	纹理的源
灯光方向	光到达纹理的角度
纹理对比度	结果的数量级
纹理位置	纹理图层应用于效果图层的方式

单击"效果"菜单项，在弹出的下拉菜单中选择"风格化"→"纹理化"命令，添加"纹理化"特效，添加该特效的前后效果对比如图6-69所示。

▲添加前

▲添加后

图6-69

6.4.8　CC Kaleida（万花筒）

CC Kaleida（万花筒）效果可以对图像进行不同角度的变换，使画面产生各种不同的图案，"CC Kaleida"面板如图6-70所示，参数名称及作用见表6-23。

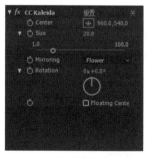

图6-70

表6-23

参数名称	作　用
Center（中心）	用于设置图像中心点的位置
Size（大小）	用于设置变形后的图案大小
Mirroring（镜像）	用于设置图案的形状，从其右侧下拉列表中可以选择一个选项作为变形的形状
Rotation（旋转）	用于设置旋转的角度
Floating Center（浮动中心）	选中该复选框，图案中心位置变成浮动的

单击"效果"菜单项，在弹出的下拉菜单中选择"风格化"→"CC Kaleida"命令，添加"CC Kaleida"特效，添加该特效的前后效果对比如图6-71所示。

▲添加前

▲添加后

图6-71

实战应用 制作不同风格的山水景色

本例通过制作同一景色的不同风格，说明风格化滤镜的用法。

源文件/第6章	初始文件|不同风格山水景色.aep
	最终文件|不同风格山水景色.aep

步骤01 打开"不同风格山水景色.aep"项目文件，可以看到"合成"窗口只有一张jpg格式的图片。在"合成"窗口选中"山水美景.jpg"图层，复制两张图片，命名为"02""03"，并让其相差1秒15帧，导入分布，如图6-72所示。

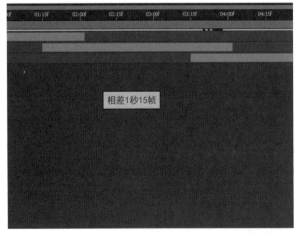

图6-72

步骤03 选中"山水美景.jpg"图层，单击"效果"菜单项，在弹出的下拉菜单中选择"风格化"→"查找边缘"命令，选择默认设置即可改变图片风格，如图6-73所示。

图6-73

步骤03 选中"03"图层，单击"效果"菜单项，在弹出的下拉菜单中选择"风格化"→"卡通"命令，打开"卡通"面板，设置"渲染"为填充及边缘模式。设置"细节半径"为5，"细节阈值"为10，其余为默认设置，如图6-74所示。

图6-74

步骤04 选中"02"图层，单击"效果"菜单项，在弹出的下拉菜单中选择"风格化"→"彩色浮雕"命令，打开"彩色浮雕"面板，设置"方向"为（0×90°），设置"起伏"为2，其余为默认设置，如图6-75所示。

图6-75

步骤05 选中"山水美景"图层，单击"效果"菜单项，在弹出的下拉菜单中选择"过渡"→"光圈擦除"命令。打开"光圈擦除"面板，设置"点光圈"数为32。将时间指示器移到第01秒18帧处，设置"外径"为0，并记录关键帧；将时间指示器移到第02秒01帧处，设置"外径"为627，并记录关键帧，如图6-76所示。

图6-76

步骤06 选中"03"图层，单击"效果"菜单项，选择"过渡"→"光圈擦除"命令。打开"光圈擦除"面板，设置"点光圈"为32。将时间指示器移到第3秒15帧处，设置"外径"为0，并记录关键帧；将时间指示器移到第3秒28帧处，设置"外径"为627，并记录关键帧，如图6-77所示。

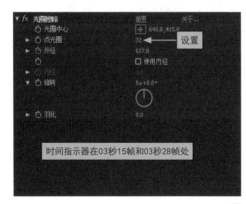

图6-77

步骤07 按小键盘上的0键或使用鼠标单击播放，查看风景图片的3种风格比较效果，如图6-78所示。

图6-78

LESSON 6.5 模拟滤镜

知识级别

□初级入门 ｜ ■中级提高 ｜ □高级拓展

知识难度 ★★★

学习时长 100 分钟

学习目标

① 认识几种模拟滤镜。
② 学习常用的几种模拟滤镜。
③ 学习综合使用模拟滤镜。

※主要内容※

内　容	难　度	内　容	难　度
卡片动画	★	焦散	★
泡沫	★★	波形环境	★★
CC Rainfall	★★		

效果预览 > > >

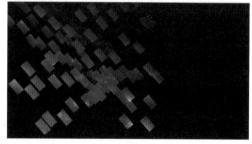

模拟滤镜主要是通过模拟一些符合自然规律的粒子运动效果，实现一些特殊效果。如雨、雪和破碎等，其中破碎和粒子运动场在第8章会有详细的介绍。

6.5.1 卡片动画

"卡片动画"效果可创建卡片动画外观，将图层分为多张卡片，然后使用第二个图层控制这些卡片的所有几何形状，"卡片动画"面板如图6-79所示，参数名称及作用见表6-24。

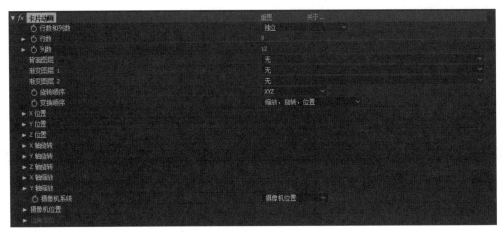

图6-79

表6-24

参数名称	作用	参数名称	作用
行数和列数	用于指定行数和列数的相互关系	行/列数	行/列的数量，最多1000个单位
背面图层	在卡片背面分段显示的图层	渐变图层1	用于生成卡片动画效果的第一个控件图层
渐变图层2	用于生成卡片动画效果的第二个控件图层	旋转顺序	在使用多个轴旋转时，卡片围绕多轴旋转的顺序
变换顺序	用于执行变换（缩放、旋转和位置）的顺序	位置(X, Y, Z)	用于调整位置属性
旋转(X, Y, Z)	用于调整旋转属性	缩放(X, Y)	用于调整缩放属性
源	用于控制变换的渐变图层通道	加倍	应用到卡片的变换数量
偏移	变换开始时使用的基值	摄像机系统	用于指定是使用效果的"摄像机位置"属性、效果的"边角定位"属性，还是默认的合成摄像机和光照位置来渲染卡片的3D图像

续表

参数名称	作　　用	参数名称	作　　用
X/Y/Z轴旋转	围绕相应的轴旋转摄像机	X/Y/Z位置	摄像机在X/Y/Z轴上的位置
焦距	缩放系数，焦距越小视角越大	变换顺序	摄像机围绕其三个轴旋转的顺序，以及摄像机是在使用其他"摄像机位置"控件定位之前还是之后旋转
边角定位	备用的摄像机控制系统	自动焦距	用于控制动画期间效果的透视

单击"效果"菜单项，在弹出的下拉菜单中选择"模拟"→"卡片动画"命令，添加"卡片动画"特效，添加该特效的前后效果对比如图6-80所示。

▲添加前　　　　　　　　　　　▲添加后

图6-80

6.5.2 焦散

"焦散"效果可模拟焦散（在水域底部反射光），它是光通过水面折射而形成的。在与波形环境效果和无线电波效果结合使用时，焦散效果可生成此反射，并创建真实的水面。主要用于模拟水和天空效果，"焦散"面板如图6-81所示，参数名称及作用见表6-24。

图6-81

表6-25

参数名称	作　　用	参数名称	作　　用
底部	用于指定水域底部的图层	缩放	用于放大或缩小底部图层
重复模式	用于指定平铺缩小的底部图层的方式	如果图层大小不同	用于指定底部图层小于合成时处理该图层的方式

续表

参数名称	作　用	参数名称	作　用
模糊	用于指定应用到底部图层的模糊数量	波形高度	用于调整波形的相对高度
水面	用于指定用作水面的图层	平滑	用于指定波形的圆度
水深度	用于指定水的深度	折射率	影响光穿过液体时弯曲的方式
表面颜色	用于指定水的颜色	焦散强度	用于显示水波透镜化效果引起的，光在底部表面上的焦散、集中
天空	用于指定水上方的图层	重复模式	用于指定平铺缩小的天空图层的方式

单击"效果"菜单项，在弹出的下拉菜单中选择"模拟"→"焦散"命令，添加"焦散"特效，添加该特效的前后效果对比如图6-82所示。

▲添加前　　　　　　　　　　　　　　▲添加后

图6-82

6.5.3 泡沫

"泡沫"效果可生成流动、黏附和弹出的气泡。使用此效果可调整气泡的属性，如黏性、黏度、寿命和气泡的强度，"泡沫"面板如图6-83所示，参数名称及作用见表6-26。

图6-83

表6-26

参数名称	作　用	参数名称	作　用
视图	包括3种显示方式	制作者	用于对气泡发生器进行设置，如气泡产生点、气泡产生方向等
产生点	产生气泡的区域的中心	产生X/Y大小	用于调整产生气泡区域的宽度和高度
产生方向	用于调整产生气泡的区域的方向	缩放产生点	用于指定在缩放范围时，产生点及其所有相关关键帧是与范围（选定）相关，还是与屏幕（未选定）相关
产生速率	用于确定气泡生成的速率	气泡大小	用于指定成熟气泡的平均大小
大小差异	用于指定可能生成的气泡的大小范围	寿命	用于指定气泡的最大寿命
气泡增长速度	用于指定气泡达到完整大小的速度	物理学	用于指定影响粒子运动的因素
强度	用于指定气泡的增长强度	综合大小	用于设置气泡范围的边界
缩放	用于在气泡范围中心周围放大或缩小	流动映射	用于指定控制气泡方向和速度的图层
正在渲染	用于设置粒子的渲染属性	随机植入	用于指定随机速度影响气泡粒子
模拟品质	用于提高精度，增强模拟的真实性		

新建固态层，单击"效果"菜单项，在弹出的下拉菜单中选择"模拟"→"泡沫"命令，添加"泡沫"特效，添加该特效前后的效果对比如图6-84所示。

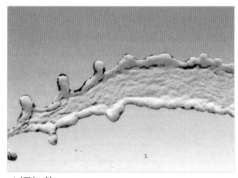
▲添加前

▲添加后

图6-84

6.5.4 波形环境

"波形环境"效果可创建灰度置换图，以便用于其他效果，如"焦散"或"色光"效果。此效果可根据液体的物理学模拟创建波形，波形从效果点发出，相互作用，并实际反映其环境。使用波形环境效果可创建徽标的俯视视图，同时波形会反映徽标和图层的边，"波形环境"面板如图6-85所示，参数名称及作用见表6-27。

图6-85

表6-27

名　称	作　用	名　称	作　用
视图	用于指定预览波形环境效果所用的方法，分为高度地图和线框预览	线框控制	用于微调线框模型的外观，这些控件不会影响灰度输出
水平旋转	围绕水平轴旋转线框预览	垂直旋转	围绕垂直轴旋转线框预览
垂直缩放	用于预览垂直扭曲线框	高度映射控制	用于指定高度地图的外观
亮度	用于调整水面的整体高度	对比度	用于更改波峰和波谷的灰色之间的差值，以使差值更极端或不太极端
灰度系数调整	用于控制波形的亮度斜度	渲染采光井作为	用于指定存在采光井时渲染水面的方式
透明度	用于调整较浅区域 Alpha 通道的不透明度来控制水的透明度	模拟	用于指定水面和地面网格的分辨率
网格分辨率	用于指定构成波面和地面网格的水平和垂直分界线的数量	网格分辨率降低采样	用于在输出分辨率降低时，降低内部模拟的分辨率，从而加快渲染速度
波形速度	用于指定波形从起始点开始移动的速度	阻尼	用于指定波形通过的液体吸收其能量的速度
预滚动（秒）	用于指定波形开始移动的时间	反射边缘	用于指定波形弹离图层边缘并弹回场景的方式
陡度	用于通过扩大和缩小置换线框的高度，调整地面的陡度	地面	用于指定显示在水底的图层
波形强度	用于控制为地面高度或陡度设置动画时，结果波形有多大	高度	用于控制水面和地面最深点之间的距离
类型	用于指定创建程序的类型	创建程序	用于指定波形开始的点
高度/长度	用于指定"环形"创建程序的（垂直）高度以及调整"线"创建程序的长度	位置	用于指定波形创建程序的中心位置

续表

名 称	作 用	名 称	作 用
角度	用于指定"线"和"环形"类型的波形创建程序区域的角度	振幅	用于控制产生的波形的高度
频率	用于控制每秒产生的波形数	相位	指定波形在波形相位中开始的位置
宽度	用于指定创建程序区域的（水平）宽度		

新建固态层，单击"效果"菜单项，在弹出的下拉菜单中选择"模拟"→"波形环境"命令，添加"波形环境"特效，添加该特效的前后效果对比如图6-86所示。

图6-86

6.5.5 | CC Rainfall

CC Rainfall（下雨）效果可以模拟下雨效果，一般用于给素材加上下雨特效，"CC Rainfall"面板如图6-87所示，参数名称及作用见表6-28。

图6-87

表6-28

参数名称	作 用
Drops（雨滴）	用于设置雨滴数量
Size（尺寸）	用于设置雨滴尺寸大小
Scene Depth（景深）	用于设置雨滴近大远小的深度效果
Speed（速度）	用于设置雨滴下落的速度
Wind（风向）	用于设置雨滴飘落时的风向
Opacity（不透明度）	用于设置雨滴的不透明度

单击"效果"菜单项，在弹出的下拉菜单中选择"模拟"→"CC Rainfall"命令，添加"CC Rainfall"特效，添加该特效的前后效果对比如图6-88所示。

▲使用前

▲使用后

图6-88

实战应用 制作海边下雨效果

本例制作海边的下雨场景，说明模拟滤镜的用法。

源文件/第6章	初始文件|下雨的海边.aep
	最终文件|下雨的海边.aep

步骤01 打开"下雨的海边.aep"项目文件，可以看到"合成"窗口只有一张jpg格式的图片。新建"气泡"固态层，单击"效果"菜单项，在弹出的下拉菜单中选择"模拟"→"泡沫"命令，如图6-89所示。

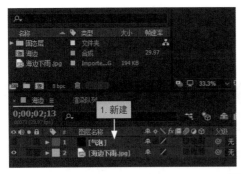
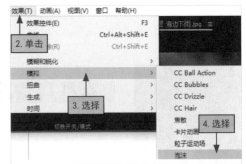

图6-89

步骤02 打开"气泡"层的效果控件，设置"视图"为已渲染模式，"产生X大小"为0.124，"产生Y大小"为0.03，"气泡大小"设0.3，"模拟品质"为高，如图6-90所示。

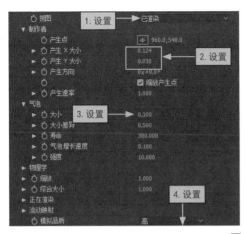

图6-90

步骤03 选中"海边下雨"图层,单击"效果"菜单项,选择"模拟"→CC Rainfall命令,添加下雨效果,打开效果控件,如图6-91所示。

图6-91

步骤04 调整参数,设置Drops(雨滴)为1000,Size(尺寸)设为5,Scene Depth(景深)为3000,Wind(风向)为1,Spread(蔓延)为10,如图6-92所示。

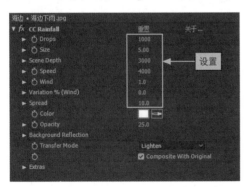

图6-92

LESSON 6.6 透视滤镜

知识级别

□初级入门 | ■中级提高 | □高级拓展

知识难度 ★★★

学习时长 100 分钟

学习目标

① 认识透视滤镜。
② 学会使用几种常用的透视滤镜。
③ 综合应用透视滤镜。

※主要内容※

内　容	难　度	内　容	难　度
3D眼镜	★	斜面Alpha	★
边缘斜面	★★	投影	★
CC Sphere	★★		

效果预览 > > >

透视滤镜主要是通过透视原理实现一些特殊效果，如3D眼镜、字幕投影效果等。

6.6.1 3D眼镜

"3D眼镜"效果通过合并左右 3D 视图来创建单个 3D 图像。用户可以使用 3D 程序或立体摄像机中的图像作为每个视图的源图像，"3D眼镜"面板如图6-93所示，参数名称及作用见表6-29。

图6-93

表6-29

参数名称	作　用
左/右视图	用于左右视图的图层。仅需要将 3D 眼镜效果应用到合成中的一个图层
场景融合	两个视图偏移的数量
垂直对齐	用于控制左右视图相对于彼此的垂直偏移
单位	用于指定在 "3D 视图" 设置为除 "立体图像对" 或 "上下" 以外的选项时，"场景融合" 和 "垂直对齐" 值的度量单位（以像素或源图像的 % 为单位）
左右互换	用于交换左右视图
3D 视图	合并视图的方式
立体图像对	用于缩放两个图层，以并排适合效果图层的定界框
平衡	在平衡的 3D 视图选项中指定平衡的级别

单击"效果"菜单项，在弹出的下拉菜单中选择"透视"→"3D眼镜"命令，添加"3D眼镜"特效，添加该特效的前后效果对比如图6-94所示。

▲添加前

▲添加后

图6-94

6.6.2 斜面 Alpha

"斜面 Alpha"效果可为图像的 Alpha 边界增添凿刻、明亮的外观，通常为 2D 元素增添 3D 外观，"斜面Alpha"面板如图6-95所示，参数名称及作用见表6-30。

图6-95

表6-30

参数名称	作　用
边缘厚度	用于设置图像边缘的厚度效果
灯光角度	用于设置灯光照射的角度
灯光颜色	用于设置灯光照射的颜色
灯光强度	用于设置灯光照射的强度

单击"效果"菜单项，在弹出的下拉菜单中选择"透视"→"斜面 Alpha"命令，添加"斜面 Alpha"特效，添加该特效的前后效果对比如图6-96所示。

▲添加前

▲添加后

图6-96

6.6.3 边缘斜面

"边缘斜面"效果边可为图像的边缘增添凿刻、明亮的3D外观，"边缘斜面"面板如图6-97所示，参数名称及作用见表6-31。

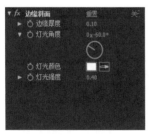

图6-97

表6-31

参数名称	作　用
边缘厚度	用于设置图像边缘的厚度效果
灯光角度	用于设置灯光照射的角度
灯光颜色	用于设置灯光照射的颜色
灯光强度	用于设置灯光照射的强度

单击"效果"菜单项，在弹出的下拉菜单中选择"透视"→"边缘斜面"命令，添加"边缘斜面"特效，添加该特效的前后效果对比如图6-98所示。

▲添加前 　　　　　　　　　　　　　　　▲添加后

图6-98

6.6.4 投影

"投影"效果可添加显示在图层后面的阴影。图层的 Alpha 通道将确定阴影的形状，"投影"面板如图6-99所示，参数名称及作用见表6-32。

表6-32

图6-99

参数名称	作　用
阴影颜色	用于设置图像投影的颜色
不透明度	用于设置图像投影的透明度效果
方向	用于设置图像的投影方向
距离	用于设置图像投影到图像的距离
柔和度	用于设置图像投影的柔化效果
仅阴影	用于设置单独显示图像的投影效果

单击"效果"菜单项，在弹出的下拉菜单中选择"透视"→"投影"命令，添加"投影"特效，添加该特效的前后效果对比如图6-100所示。

▲添加前 　　　　　　　　　　　　　　　▲添加后

图6-100

6.6.5 CC Sphere

CC Sphere（球）效果可将图像变为球状，CC Sphere面板如图6-101所示，参数名称及作用见表6-33。

图6-101

表6-33

参数名称	作　用
Rotation（旋转）	用于设置球体的方向
Radius（半径）	用于设置球体的半径
offset（偏移）	用于设置球体的偏移
Render（渲染）	用于设置球体的显示方式
Light Intensity（灯光强度）	用于控制灯光照射的强度
Light Color（灯光颜色）	用于控制灯光照射的颜色
Light Height（灯光高度）	用于控制灯光照射的高度
Light Directio（灯光角度）	用于控制灯光照射的角度
Shading（着色）	用于设置球体的材质效果

单击"效果"菜单项，在弹出的下拉菜单中选择"透视"→CC Sphere命令，添加CC Sphere特效，添加该特效的前后效果对比如图6-102所示。

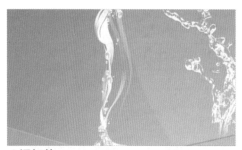

▲添加前

▲添加后

图6-102

 实战应用 制作"读书"界面

本例通过制作"读书"界面，说明透视滤镜的用法。

源文件/第6章	初始文件|读书.aep
	最终文件|读书.aep

步骤01 打开"读书.aep"项目文件，可以看到"合成"窗口有一张jpg格式的"书本"图片和一个"读书"文本。选中文本素材，单击"效果"菜单项，在弹出的下拉菜单中选择"透视"→"边缘斜面"命令，如图6-103所示。

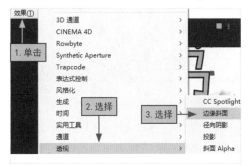

图6-103

步骤02 打开文本的效果控件，设置"边缘厚度"为0.5，"灯光角度"为-60°，"灯光强度"为0.5，如图6-104所示。

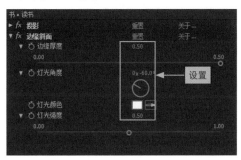

图6-104

步骤03 保持文本层的选中状态，单击"效果"菜单项，在弹出的下拉菜单中选择"透视"→"投影"命令，添加投影效果，如图6-105所示。

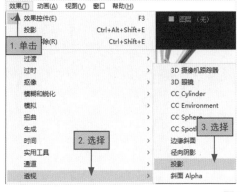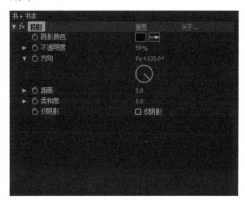

图6-105

步骤04 打开"投影"面板，设置"阴影颜色"为浅红色，"距离"为39，"方向"为0×135°，"柔和度"为10，如图6-106所示。

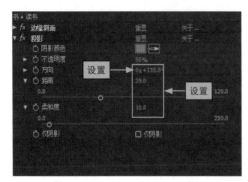

图6-106

步骤05 保持文本层的选中状态，单击"效果"菜单项，在弹出的下拉菜单中选择"透视"→CC Sphere命令，将其变为球状。打开"效果控件"面板，设置Rotation X为-15°，Radius（半径）为200，如图6-107所示。

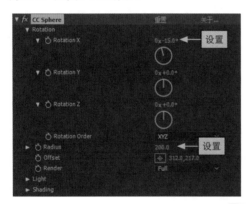

图6-107

第7章

色彩校正与
图像处理

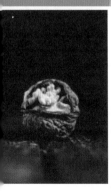

学习目标

在制作影片时，通常要把整个片子调成某个色调，或将前、后景色处理得更协调等。而有些环节对调色的要求非常高、非常细，例如对人物的调色。画面颜色的处理是一项很重要的内容，有时直接影响效果的成败。本章将介绍常用的色彩校正与图像调整的技术。

本章要点

◆ 常用颜色修正滤镜
◆ 色阶特效的应用
◆ 色相/饱和度特效的应用
◆ 修改色彩特效的应用
◆ 常用图像的处理
……

LESSON 7.1 常用颜色修正滤镜

知识级别

□初级入门 | ■中级提高 | □高级拓展

知识难度 ★★★

学习时长 180 分钟

学习目标

① 色阶特效的应用。

② 曲线特效的应用。

③ 色相和饱和度特效的应用。

※主要内容※

内　容	难　度	内　容	难　度
色阶特效	★	曲线特效	★
曝光度特效	★★	色相/饱和度特效	★
色光特效	★★	通道混合器特效	★★
更改颜色与更改为颜色特效	★★	灰度系数/基值/增益特效	★★
照片滤镜特效与阴影/高光特效	★★	色调与三色调特效	★★

效果预览 > > >

在After Effects中调节对象色彩，可以通过对红、绿、蓝3个通道的数值进行调节，来改变图像的色彩，红、绿、蓝三原色中每一种都有一个0~255的取值范围。当3个值都为0时，图像为黑色，当3个值都为255时，图像为白色。灰度图像模式属于非彩色模式，它只包含256级不同的亮度级别，只有一个黑色通道。

一般处理的图像文件都是由RGB或RGBA通道组成的，记录每个通道颜色的量化位数就是位深度，也就是图像中有多少位的像素表现颜色。通常情况下，使用8位量化图像。而对于电影来说，胶片具有更加丰富的表现能力，所以会使用16位来进行量化。但在After Effects软件中进行调色等操作对颜色是有损失的。为了保证最好的色彩质量，在调整颜色时最好将项目的位深度设为32位，而不用软件默认的8位的位深度。

After Effects提供的"颜色校正"滤镜足够满足常用的色彩调整工作，不同于其他滤镜的是，此滤镜下面的众多特效可以用来对色彩效果不好的画面进行颜色的修补，也可以对色彩正常的画面进行色彩调节，使其更加出彩。

7.1.1 色阶特效

色阶特效是一个常用的调色工具，用于将输入的颜色范围重新映射到输出的颜色范围，还可以改变伽马值校正曲线，主要用于基本的影像质量调整、修改图像的高亮、暗部以及中间色调，是调色中比较重要的命令。

单击"效果"菜单项，选择"颜色校正/色阶"命令，其面板及效果如图7-1所示，名称及作用见表7-1。

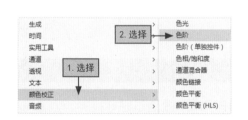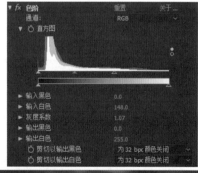

图7-1

表7-1

参数名称	作　　用
通道	用于选择要进行调控的通道，可以选择RGB彩色通道、红色通道、绿色通道、蓝色通道和Alpha透明通道分别进行调控
直方图	用于了解像素值在图像中的分布情况，水平方向表示亮度值，垂直方向表示该亮度值的像素数量
输入黑色	用于限定输入图像黑色值的阈值
输入白色	用于限定输入图像白色值的阈值
灰度系数	用于设置伽马值，调整输入输出对比度
输出黑色	用于限定输出图像黑色值的阈值
输出白色	用于限定输出图像白色值的阈值

默认情况下，"输出"滑块位于色阶0（像素为黑色）和色阶255（像素为白色）之间。"输出"滑块位于默认位置时，如果移动黑场输入滑块，则会将像素值映射为色阶0，而移动白场滑块则会将像素值映射为色阶255。其余的将在色阶0~255重新分布。这种重新分布情况将会增大图像的色调范围，实际上增强了图像的整体对比度。

除此之外，还有色阶单独控件的命令，使用方法与色阶一样，只不过将参数分散到了各通道而已。自动色阶命令不需要弹出对话框进行操作，会通过内置的参数进行自动化处理，使用起来更方便。

7.1.2 曲线特效

曲线特效用于调整图像的色调曲线。可以对图像和各个通道进行控制、调节图像色调范围。可以用0~255的灰阶调节颜色。相对于"色阶"，曲线的控制能力，尤其是在细节上的调控能力更强。单击"效果"菜单项，在弹出的下拉菜单中选择"颜色校正"→"曲线"命令，其面板及效果如图7-2所示。参数名称及作用见表7-2。

曲线图中，水平坐标代表像素的原始亮度级别，垂直坐标代表输出亮度值，可以通过移动曲线上的控制点编辑曲线，任何曲线的伽马值表示为输入、输出值的对比度，向上移动曲线控制点降低伽马值，向下移动增加伽马值，伽马值决定了中间色调的对比度。在0~85的参数范围改变曲线，将会影响图像的阴影部分。在86~170的范围改变曲线，将会影响中间色调的区域，在171~255的范围改变曲线，将会影响高亮区域，曲线最多有16个控制点。

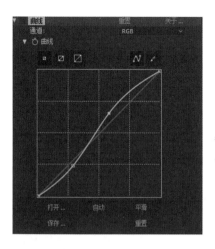

原图

曲线效果

图7-2

表7-2

名　称	作　用
通道	用于选择要进行调控的通道，可以选择RGB彩色通道、红色通道、绿色通道、蓝色通道和Alpha透明通道分别进行调控
曲线	用于调整伽马值，即输入（原亮点）和输出的对比度
曲线工具	用于在曲线上增加控制点，如果要删除控制点，在曲线上选中要删除的控制点，将其拖动到坐标区域外即可，按住鼠标左键在坐标区域内拖动控制点，可对曲线进行编辑。
铅笔工具	用于在坐标区域中绘制一条曲线
平滑工具	用于平滑曲线，此效果可以叠加使用，每点击一次会使曲线更平滑
重置工具	用于将坐标区域中的曲线恢复为直线
保存工具	用于将调节完成的曲线存储为一个.amp文件，以供下次使用
打开工具	用于打开存储的曲线调节文件，默认是后缀为.amp的文件

　　与曲线命令相类似的除了色阶以外，还有"亮度与对比度"，但只有两个简单的数值调节，其精确度和交互性远不如"曲线"，通过坐标调整曲线，可以看到曲线外形和图像效果之间的关联。

7.1.3 曝光度特效

"曝光度"特效是可以对图像进行整体效果提高的操作，且保持对比度同比变化，常用于调节画面的曝光程度，可以对RGB通道分别曝光。

单击"效果"菜单项，在弹出的下拉菜单中选择"颜色校正"→"曝光度"命令，其面板及效果如图7-3所示。参数名称及作用见表7-3。

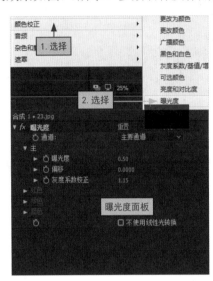

图7-3

表7-3

参数名称	作 用
通道	用于选择需要曝光的通道。选择"单个通道"时可激活下方的RGB参数
主控	曝光度的主要参数设置，设置后将应用在整个画面中
曝光度	用于设置曝光的程度，数值越大画面中调光区域越亮，数值越小画面的高光区域越暗
偏移	用于设置曝光的偏移量，数值越大曝光的范围区域越大
灰度系数校正	伽马值，用于调节图像的伽玛准度，提高或降低中间色调的范围
红/绿/蓝	激活单个通道后，用于对单独的通道进行主控设置
不使用线性光转换	是否勾选用线性光进行转换的选项

7.1.4 色相/饱和度特效

"色相/饱和度"特效用于调整图像中单个颜色分量的"色调""饱和度""亮度"。单击"效果"菜单项，在弹出的下拉菜单中选择"颜色校正"→"色相/饱和度"命令，其面板及效果如图7-4所示。参数名称及作用见表7-4。

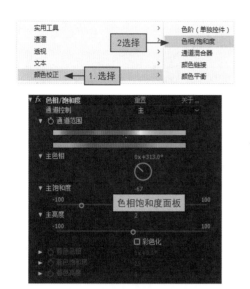

图7-4

表7-4

名　称	作　用
通道控制	用于选择所应用的颜色通道
通道范围	显示颜色映射的谱线，用于控制通道范围
主色相	用于控制所调节的颜色通道的色调，利用颜色控制轮条改变总的色调
主饱和度	用于调整主饱和度，通过调节滑块控制所调节的颜色通道的饱和度
主亮度	用于调整主亮度，通过调节滑块，控制所调节的颜色通道的亮度
彩色化	用于调整图像为一个色调值，可以将灰阶图转换为带有色调的双色图
着色色相	通过颜色控制轮条控制彩色化图像后的色调
着色饱和度	通过调节滑块控制彩色化图像后的饱和度
着色亮度	通过调节滑块控制彩色化图像后的亮度

　　与之相类似的特效命令是"颜色平衡"，但这一命令主要是为了和早期的After Effects版本兼容才保留的，现在用"色相/饱和度"命令，通过"色相""饱和度"和"亮度"对色彩平衡的调节会更有效、更灵活。另外在调节颜色的过程中，可以使用色轮来预测一个颜色成分的更改是如何影响其他颜色的，并了解这些更改如何在RGB色彩模式间转换。例如可以通过增加色轮中相反颜色的数量来减少图像中某一种颜色的量，反之亦然。同样地，通过调整色轮中两个相邻颜色，甚至将两种相邻色彩调整为相反颜色，可以增加或减少一种颜色。

"浪漫红树林" 效果制作

本例通过制作浪漫红树林，说明颜色修正滤镜的用法。

源文件/第7章	初始文件|浪漫红树林效果.aep
	最终文件|浪漫红树林效果.aep

步骤01 打开"浪漫红树林效果.aep"项目文件，可以看到默认视频画面偏暗，白色区域像素偏少，选中视频素材"苏州镜头.mp4"，单击"效果"菜单项，在弹出的下拉菜单中选择"颜色校正"→"色阶"命令，设置"输入白色"为200，"灰度系数"为1.88，整个画面颜色丰富起来，如图7-5所示。

 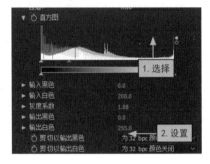

图7-5

步骤02 在通道下拉列表中选择"蓝色"通道，设置"蓝色灰度系数"为0.6，画面颜色变得更生动些，如图7-6所示。

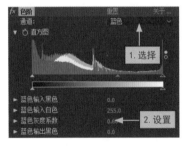 

图7-6

步骤03 远处的房子和天空有部分曝光现象，选中视频素材，单击"效果"菜单项，在弹出的下拉菜单中选择"颜色校正"→"曝光度"命令，设置"曝光度"为-0.15，如图7-7所示。

图7-7

步骤04 选中视频素材，单击"效果"菜单项，在弹出的下拉菜单中选择"颜色校正"→"色相/饱和度"命令，设置"主色相"为279°，在通道控制中选择"红色"，设置红色"主色相"为290°，"红色饱和度"为-68，如图7-8所示。

步骤05 添加一个"曲线"特效，先将中间的整体亮度提高一些，然后在通道下拉列表中选择"红色"通道，并将红色通道的曲线向下调节，这样可以降低整个画面的红色偏色现象，效果如图7-9所示。

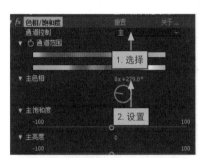

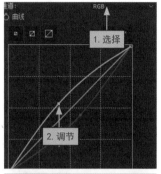

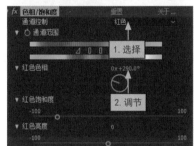

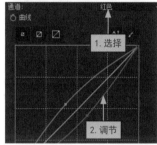

图7-8

图7-9

7.1.5 │ 色光特效

　　"色光"特效是一个功能强大、效果多样的特效，以一种新的渐变色进行平滑的周期填色映射到原图上，可以用来实现彩光、彩虹、霓虹灯等多种神奇效果。色光特效可以手动调整出无数种渐变的效果。

单击"效果"菜单项，在弹出的下拉菜单中选择"颜色校正"→"色光"命令，其面板及效果如图7-10所示。参数名称及作用见表7-5。

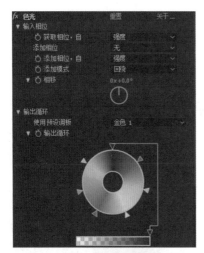 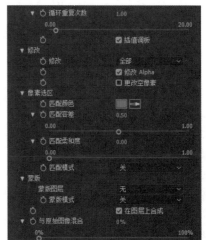

图7-10

表7-5

参数名称	作　用	参数名称	作　用
输入相位	用于对渐变映射进行设置	插值调板	取消勾选时，系统在色轮上以256色产生粗糙的渐变映射效果
添加相位	用于指定合成图像中的一个层产生渐变映射	获取相位	用于选择以图像的何种元素产生渐变映射
添加模式	用于添加模式下拉列表中选择渐变映射的添加模式	添加相位，自	用于为当前层指定渐变映射的添加通道
相移	用于设置相位的旋转角度	输出循环	用于对渐变映射的样式进行设置
使用预设调板	下拉列表中提供了多达33种方式的渐变映射效果，从标准的颜色循环到模拟真实的金属质感，可以对图像进行随意的创造性加工	循环重复次数	用于控制渐变映射颜色的循环次数
输出循环	当选择一种渐变映射效果后，可在输出循环栏中进行进一步的调整	修改	用于对渐变映射效果进行修改

续表

参数名称	作　用	参数名称	作　用
修改模式	用于指定渐变映射如何影响当前层的方式	修　改Alpha	是否修改Alpha通道的勾选项
更改空像素	用于修改空像素的勾选项	像素选区	用于指定渐变映射在当前层上所影响的像素范围
匹配颜色	用于指定当前层上渐变映射所影响的像素颜色	匹配容差	用于设置像素容差度，容差度越高，则有越多与选择像素颜色相似的像素被影响
匹配柔和度	用于为选定的像素设置柔化区域，使其与未受影响的像素产生柔化的过渡	匹配模式	用于选择指定颜色所用模式，选择关闭时，系统会忽略像素匹配，影响整个图像
蒙版	用于为当前层指定一个蒙版层	蒙版模式	用于为当前层应用一个蒙版，以确定渐变映射效果的影响范围
在图层上合成	用于将效果合成在图层画面上	与原始图像混合	用于合成转化后的图像与转化前的图像，应用淡入淡出效果

知识延伸┃输出循环

色轮决定了图像中渐变映射的颜色，在色轮上拖动三角形的颜色块，可以改变颜色的面积和位置。在色轮的空白区域单击，会弹出"颜色设置"对话框，从中选择颜色，在色轮上添加新的颜色控制。同样，双击颜色控制块，也可以在弹出的"颜色设置"对话框中改变颜色，如果要删除颜色控制，只需要将其拖离色轮即可，颜色控制的另一头所连接的色条控制颜色的不透明度，拖动不透明度控制块，可更改颜色的不透明度。

7.1.6 通道混合器特效

　　"通道混合器"特效可以用当前彩色通道的值来修改另一个彩色通道，应用通道混合器特效可以产生其他颜色调整工具不易产生的效果，并通过设置每个通道提供的百分比产生高质量的灰阶图，或者色调图像，以及交换和复制通道等。单击"效果"菜单项，在弹出的下拉菜单中选择"颜色校正"→"通道混合器"命令，其面板及效果如图7-11所示。

图7-11

参数名称及作用见表7-6。

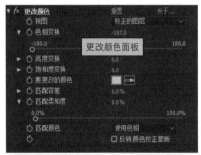

图7-11

表7-6

参数名称	作用
红 / 绿 / 蓝—红 / 绿/蓝/恒量	分别表示不同的颜色调整通道，恒量用来调整通道的对比度，下面的参数以百分比表示，表明增强或减弱该通道的效果。默认的参数红—红、绿—绿、蓝—蓝都是100%，其他都为0%，表示初始RGB通道值
单色	表示产生包含灰阶的黑白图像

"通道混合器"特效对图像中的各个通道进行混合调节，虽然调节参数较为复杂，但是该特效可控性也更高，当需要改变影片色调时，该特效是首选。

7.1.7　更改颜色与更改为颜色特效

"更改颜色"特效和"更改为颜色"特效，通过先在画面中选取颜色区域，然后调节颜色区域的色调、饱和度和明度，可以制定某一个基色和设置相似值来确定区域并进行调节。

❶更改颜色特效

此效果面板与之前的抠像键控参数类型，相比色相/饱和度命令来说，能更直观地改变图像的局部颜色，单击"效果"菜单项，在弹出的下拉菜单中选择"颜色校正"→"更改颜色"命令，其面板及效果如图7-12所示。参数名称及作用见表7-7。

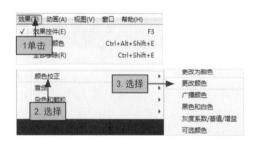

图7-12

表7-7

参数名称	作　用	参数名称	作　用
视图	用于选择合成窗口的观察效果	颜色校正蒙版	用于显示层上的某个部分被改变
校正的图层	用于显示"更改色彩"效果的调节结果	色相变换	用于控制调节所选颜色的色调
亮度变换	用于调整所选颜色的明度	饱和度变换	用于调整所选颜色的饱和度
要更改的颜色	用于选择图像中要变颜色的区域颜色	匹配容差	用于调整颜色匹配的相似程度
匹配柔和度	用于控制修正颜色的柔和度	反转颜色校正蒙版	用于反转确定应用颜色的蒙版
匹配颜色	用于选择匹配的颜色空间	使用RGB	颜色的匹配使用RGB
使用色相	颜色的匹配使用色相	使用色度	颜色的匹配使用色度

❷.更改为颜色特效

　　与更改颜色类似的还有"更改为颜色"特效，用法更为简单，只需要在画面中选取和指定来源颜色，并指定一个要调节成的目标颜色，然后再调节颜色区域的色调即可。

　　单击"效果"菜单项，在弹出的下拉菜单中选择"颜色校正"→"更改为颜色"命令，其面板及效果如图7-13所示。参数名称及作用见表7-8。

图7-13

表7-8

参数名称	作　用	参数名称	作　用
自/至	用于选取一个需要转换的颜色和一个目标颜色	更改	用于选择颜色改变的基准类型，有色相、色相/亮度、色相/饱和度、色相/亮度与饱和度4种类型
更改方式	用于选择颜色的替换方式，有设置为颜色和变换为颜色两种方式	容差	用于设置修改颜色的容差值，包括色相调整、亮度调整和饱和度调整
柔和度	用于调节替换后的颜色柔和程度	查看校正遮罩	用于查看修正后的遮罩图

 实战应用 "更换衣服与环境颜色" 效果制作

　　本例将综合利用更改颜色和通道混合器，改变锄草者的衣服颜色，再用通道混合器更改整个环境颜色。

源文件/第7章	初始文件|环境与衣服颜色的更改.aep
	最终文件|环境与衣服颜色的更改.aep

步骤01 打开"环境与衣服颜色更改.aep"项目文件，选中"锄草.avi"视频素材，单击"效果"菜单项，选择"颜色校正"→"更改颜色"命令，单击"要更改的颜色"旁边的吸管，在锄草者身上单击一下，如图7-14所示。

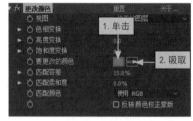

图7-14

步骤02 设置"色相变换"为-70，"匹配容差"为28%，"匹配柔和度"为18%，衣服颜色已经发生了改变。如图7-15所示。

步骤03 选中"锄草.avi"视频素材，单击"效果"菜单项，在弹出的下拉菜单中选择"颜色校正"→"通道混合器"命令，设置"红色-红色"为126，"红色-恒量"为10，"绿色-红色"为-5，"蓝色-恒量"为-15。画面呈现出红色调的环境效果，如7-16所示。

图7-15

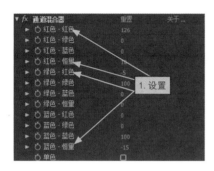

图7-16

步骤04 选中"锄草.avi"视频素材，单击"效果"菜单项，在弹出的下拉菜单中选择"颜色校正"→"色阶"命令，设置"输入白色"为208，"灰度系数"为1.2。这样就产生了一个暖色调的夕阳日照的环境效果，如图7-17所示。

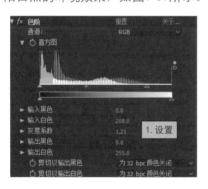

图7-17

7.1.8 灰度系数/基值/增益特效

"灰度系数/基值/增益"特效用来调整每个RGB独立通道的还原曲线值，这样可以分别对某种颜色进行输出曲线控制，对于基值和增益，设置0为完全关闭，设置1为完全打开。单击"效果"菜单项，在弹出的下拉菜单中选择"颜色校正"→"灰度系数/基值/增益"命令，其面板及效果如图7-18所示。参数名称及作用见表7-9。

图7-18

表7-9

参数名称	作用
黑色伸缩	用来重新设置所有通道的低像素值
红/绿/蓝灰度系数	分别调整红/绿/蓝通道的伽玛曲线值，控制通道中曲线的一个指数，即过渡色阶。伽玛参数的变化将提高或降低图像中的中间范围，使用伽玛参数进行调整，图像将会变暗或者变亮
红/绿/蓝基值	分别调整红/绿/蓝通道的最低输出值，基值控制通道的最低输出值。参数将会影响中间区域和阴影区域中的亮度，该参数对图像中高亮部分的亮度影响比较小
红/绿/蓝增益	分别调整红/绿/蓝通道的最大输出值，增益参数将会影响中间区域和高亮区域中的亮度。该参数对图像中阴影部分的亮度影响较小，数值越大，图像越亮

7.1.9 照片滤镜特效与阴影/高光特效

在拍摄时如果需要特定的光线感觉，往往需要为摄像器材的镜头上加适当的滤光镜或偏正镜。如果没有合适的滤镜，"照片滤镜"可以在后期对这个过程进行补充。

如果在拍摄时周围环境出现逆光，会有死黑一片区域的情况，这时可用阴影/高光特效滤镜。

❶照片滤镜特效

"照片滤镜"特效的作用就是为画面加上合适的滤镜，可以让冷色调的环境变暖，也可以让暖色调的环境变冷。

单击"效果"菜单项，在弹出的下拉菜单中选择"颜色校正"→"照片滤镜"命令，其面板及效果如图7-19所示。参数名称及作用见表7-10。

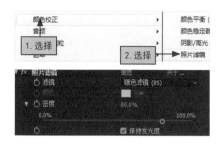

表7-10

参数名称	作用
滤镜	用于提供暖光、冷光及各种常用有色光的镜头滤镜
颜色	当使用自定义滤镜时，可以指定滤镜的颜色
密度	用于设置滤光镜的滤光密度
保持发光度	用于决定是否保持亮度

图7-19

❷ 阴影/高光特效

"阴影/高光"特效与平面软件中的一样，专门处理画面的阴影和高光部分。在遇到强光照射的环境时，会造成大面积逆光，其他工具调色可能会使画面亮的区域更亮，曝光严重，而用阴影/高光特效可以很好地保护这些不需要调节的区域，而只针对需要阴影和高光的区域进行调节。

单击"效果"菜单项，在弹出的下拉菜单中选择"颜色校正"→"阴影/高光"命令，其面板及效果如图7-20所示。参数名称及作用见表7-11。

图7-20

"阴影/高光"特效虽然能去除死黑一片的情况，但对图像的色彩也会造成损失的，所以最好不要在像素较低的图片上使用，或者数值不要调得太高，否则图像颜色会失真。

表7-11

参数名称	作　用	参数名称	作　用
自动数量	用于分析当前画面的颜色，并自动分配明暗关系，但并不推荐使用，因为多数情况下软件不能精确判断出阴影和高光的区域，没有手动调节的准确	瞬时平滑/场景检测	用于控制调节区域的平滑和柔和度控制
阴影数量	用于暗部取值，只对画面的暗部进行调节	更多选项	有阴影和高光的半径、色调宽度、中间调对比度及颜色校正等微调选项
高光数量	用于亮部取值，只对画面的亮部进行调节	与原始图像混合	调节后与调节前的图像的融合程度

 实战应用 "画面校色及亮丽色彩" 效果制作

本例介绍利用照片滤镜和阴影/高光特效,并配合色相/饱和度中的饱和度设置，为视频画面校色及使画面色彩亮丽，具体操作步骤如下。

源文件/第7章	初始文件|画面校色及亮丽色彩效果.aep
	最终文件|画面校色及亮丽色彩效果.aep

步骤01 打开"画面校色及亮丽色彩效果.aep"项目文件，选中"洗澡.avi"视频素材，单击"效果"菜单项，在弹出的下拉菜单中选择"颜色校正"→"色相/饱和度"命令，在"滤镜"下拉列表中选择"冷色滤镜(82)"选项，设置"密度"为45%，可以看到画面的暖色偏色现象得到了修正，如图7-21所示。

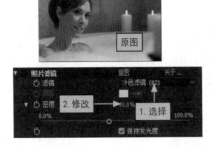

图7-21

步骤02 此时色彩过于暗淡和单一，单击"效果"菜单项，在弹出的下拉菜单中选择"颜色校正"→"色相/饱和度"命令，设置"主饱和度"为35，其他参数保持不变，可以看到色彩已经开始丰富起来，如图7-22所示。

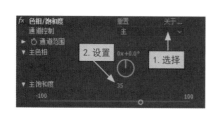

图7-22

步骤03 人物的鼻子和脸上有一些曝光的高光存在，这种局部曝光不适合用曝光度滤镜调整，因为容易影响画面曝光区域外的颜色，选中"洗澡.avi"视频素材，单击"效果"菜单项，在弹出的下拉菜单中选择"颜色校正"→"色调"命令，将高光部分的曲线适当下调，再将中间颜色适当上调，暗部区域保持不变，如图7-23所示。

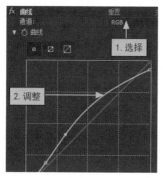

图7-23

步骤04 选中"洗澡.avi"视频素材，单击"效果"菜单项，在弹出的下拉菜单中选择"颜色校正"→"阴影/高光"命令，打开"阴影/高光"面板，设置各参数值，这样整个画面没有太黑的部分了，如图7-24所示。

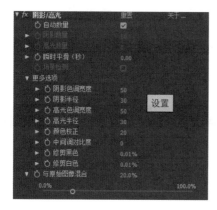

图7-24

7.1.10 色调与三色调特效

"色调"特效与"三色调"特效用来调整图像中包含的颜色信息，在图像的最亮和最暗之间确定融合度。图像的黑色像素被映射到"将黑色映射到"项指定的颜色，白色像素被映射到"将白色映射到"项指定的颜色，介于两者之间的颜色被赋予对应的中间值。

单击"效果"菜单项，在弹出的下拉菜单中选择"颜色校正"→"色调"命令，面板及效果如图7-25所示。参数名称及作用见表7-12。

表7-12

参数名称	作　用
将黑色映射到	映射黑色到某种颜色，图像中的暗色像素被映射为该项所指定的颜色
将白色映射到	映射白色到某种颜色，图像中的亮部像素被映射为该项所指定的颜色
着色数量	用于控制色彩化强度

图7-25

"三色调"特效与"色调"特效用法相似，只多了中间颜色。单击"效果"菜单项，在弹出的下拉菜单中选择"颜色校正"→"三色调"命令，其面板如图7-26所示。参数名称及作用见表7-13。

图7-26

表7-13

参数名称	作　用
高光	用于设置高光颜色
中间调	用于设置中间颜色
阴影	用于设置阴影颜色
与原始图像混合	调整后图像与原始图像的融合程度

实战应用 制作怀旧的建筑效果

本例介绍综合利用图层混合模式和色调特效制作怀旧的建筑效果。

源文件/第7章	初始文件|怀旧古老建筑.aep
	最终文件|怀旧古老建筑.aep

步骤01 打开"怀旧古老建筑.aep"项目文件，将"人造石.jpg"图层缩放到整个屏幕大小，设置"模式"为"相乘"，如图7-27所示。

图7-27

步骤02 选中"苏州镜头.mp4"视频素材，单击"效果"菜单项，在弹出的下拉菜单中选择"颜色校正"→"色调"命令，设置白映射为浅黄色(RGB:255,235,190)，如图7-28所示。

图7-28

步骤03 单击"效果"菜单项，在弹出的下拉菜单中选择"颜色校正"→"曲线"命令，调高亮度，如图7-29所示。

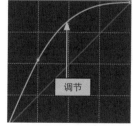

图7-29

LESSON
7.2 常用图像处理

知识级别

□初级入门 | ■中级提高 | □高级拓展

知识难度 ★★

学习时长 80 分钟

学习目标

① 学习常规素材校色方法。
② 学习素材的降噪。
③ 学习制作旧胶片效果。

※主要内容※

内 容	难 度	内 容	难 度
常规素材校色	★★	素材的降噪	★★★

效果预览 > > >

7.2.1 常规素材校色

很多视频或图片在拍摄时受当时环境及光线的影响，有部分画面可能很暗或者层次不分明。可以通过应用调节层和曲线滤镜以及绘制遮罩来进行局部的校色。具体操作步骤如下。

[知识演练] 为视频素材做基本校色

源文件/第7章	初始文件|常规素材校色.aep
	最终文件|常规素材校色.aep

步骤01 打开"常规素材校色.aep"项目文件，有一个"高尔夫.mp4"视频层，一个绿色地面固态层和一个灰绿人物固态层。选中最上面的地面固态层，单击工具栏"钢笔"工具，在"合成"窗口中沿人物画一个遮罩，如图7-30所示。

图7-30

步骤02 展开地面层的蒙版1属性，设置"蒙版羽化"为200，"图层叠加模式"为"柔光"，选中"反转"选项，人物周围的地面层被进行了润饰，如图7-31所示。

图7-31

步骤03 将人物层选中，单击工具栏"钢笔"工具，绘制一个人物蒙版，设置"羽化"为355，"蒙版不透明度"为80%，"图层叠加模式"为"柔光"，如图7-32所示。

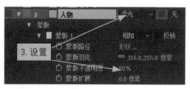

图7-32

步骤04 单击"图层"菜单项，在弹出的下拉菜单中选择"新建"→"调整图层"命令，选中此调节图层，单击"效果"菜单项，在弹出的下拉菜单中选择"颜色校正"→"曲线"命令，调节曲线形状，增加画面的亮度和对比度，最后查看对比校色的效果，如图7-33所示。

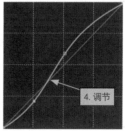

图7-33

7.2.2 素材的降噪

人物面部的修饰是影视广告中常用的后期技巧，进行降噪修饰有两个操作方法，一是通过阈值特效，将色调进行分离，从而选出要修饰的部分，二是通过移除颗粒特效，使人物面部变得柔滑。

❶阈值特效

"阈值"特效可以将一个灰度或彩色图像转换为高对比度的黑白图像，将一定的色阶指定为阈值，所有比该阈值亮的像素被转换为白色，所有比该阈值暗的像素被转换为黑色。

单击"效果"菜单项，在弹出的下拉菜单中选择"风格化"→"阈值"命令。其下只有一个选项"级别"，用来设置阈值级别，取值范围在0~255。在实际使用中更多的常用CC阈值或CC RGB阈值，可以对不同的通道分别调节参数值，CC RGB阈值需要单击"效果"菜单项，在弹出的下拉菜单中选择"风格化"→"CC Threshold RGB"命令，其面板及效果如图7-34。参数名称及作用见表7-14。

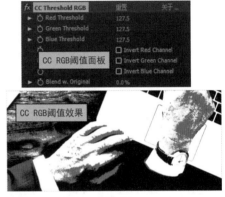

图7-34

表7-14

名　称	作　用
Red/Green/Blue Threshold	用于对红绿蓝通道的阈值进行调节，取值范围在0~255
Invert Red/Green/Blue Channel	可选择性勾选红绿蓝通道，对勾选通道进行反转
Blend w.Original	调节后图像与原始图像的融合程度

❷移除颗粒特效

此滤镜特效一般用于消除环境或人物皮肤的杂色和杂点，使画面变得柔美，单击"效果"菜单项，在弹出的下拉菜单中选择"杂色和颗粒"→"移除颗粒"命令，其面板及效果如图7-35所示。参数名称及作用见表7-15。

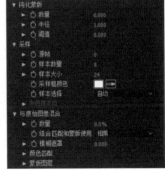

图7-35

图7-35（续）

表7-15

参数名称	作 用	参数名称	作 用
查看模式	用于选择在调节过程中的画面模式	临时过滤	是否开启实时过滤
预览区域	用于设置预览区域的大小、位置等	钝化蒙版	用于设置反锐化的遮罩
杂色深度减低设置	用于设置杂点/噪波数量	采样	用于设置各种采样情况，以及采样点等参数
微调	用于精细设置，比如材质、尺寸、色泽等	与原始图像混合	调整后图像与原始图像的融合程度

下面通过具体案例实现对"瑜伽.avi"视频中人物的面部美容。

[知识演练] 为人物面部美容

源文件/第7章	初始文件|人物面部美容.aep
	最终文件|人物面部美容.aep

步骤01 打开"人物面部美容.aep"项目文件，选中"瑜伽.avi"的视频层，按Ctrl+D组合键复制一层，单击"效果"菜单项，在弹出的下拉菜单中选择"风格化"→"CC Threshold RGB"命令，打开"属性"面板，设置RGB Threshold为153，把皮肤部分都调整到红色，如图7-36所示。

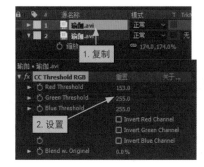

图7-36

步骤02 选中"瑜伽.avi"图层，单击"效果"菜单项，在弹出的下拉菜单中选择"颜色校正"→"色相/饱和度"命令，设置"主饱和度"为-100，如图7-37所示。

步骤03 在最上层添加色阶特效，设置输入白色为81，让白的更白，黑的更黑，如图7-38所示。

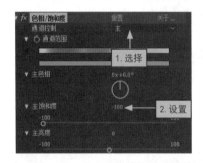

图7-37

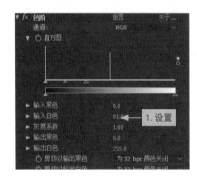

图7-38

步骤04 单击"图层"菜单项，在弹出的下拉菜单中选择"新建"→"调整图层"命令，拖放在两图层之间，将调节层的轨道蒙版改成亮度蒙版。这样以最上层的白色区域作为亮度遮罩，如图7-39所示。

图7-39

步骤05 单击"效果"菜单项，在弹出的下拉菜单中选择"杂色和颗粒"→"移除颗粒"命令，展开"杂色深度减低设置"选项，设置参数，如图7-40所示。"查看模式"选择"最终输出"，降噪前后的效果对比如图7-41所示。

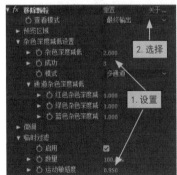

图7-40   图7-41

第8章

超级粒子
特效技术

学习目标

　　我们在观看影片时，可能会被电影的剧情所感染，被人物角色所吸引，这些都需要去细细体察，但影片中炫酷的特效会使人震撼，热血澎湃。那么这些效果又是怎样制作出来的呢？本章就带你领略粒子特效世界，学会如何使用AE粒子特效技术制作炫酷的效果。

本章要点

　◆ 粒子运动场的控制
　◆ 粒子行为的控制
　◆ 破碎控制选项
　◆ Trapcode Particular插件介绍
　◆ CC Particle World 插件介绍
　......

LESSON 8.1 粒子运动场

知识级别

□初级入门 | ■中级提高 | □高级拓展

知识难度 ★★★

学习时长 120 分钟

学习目标

① 学习控制粒子运动场。
② 学习控制粒子的形状。
③ 学习控制粒子的行为。

※主要内容※

内　容	难　度	内　容	难　度
粒子运动场的控制	★★★	粒子形状的控制	★★
粒子行为的控制	★★		

效果预览 > > >

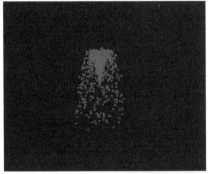

8.1.1 粒子运动场的控制

粒子运动场是基于AE的一个很重要的特效（插件），它可以用来产生大量相似物体独立运动的动画效果。粒子效果主要用于模拟现实世界中物体间的相互作用，例如雪花、星空、光影交错等效果，如图8-1所示。

图8-1

在粒子的运行过程中，首先要产生粒子流或粒子面，或者对已经存在的层进行所谓的"爆炸"（好像把一个层炸裂开来一样）。当粒子产生以后，就可以控制粒子的属性，如速度、方向、尺寸、颜色等，实现各种动画效果；还可以为粒子贴图，即用各种各样的图片或动画去替换粒子；也可以用文字作为粒子，发射实现文字动画特效。

粒子运动场应用领域广泛，在影视行业中应用更为突出。单击"效果"菜单项，在弹出的下拉菜单中选择"模拟"→"粒子运动场"命令，打开对应的面板，如图8-2所示。

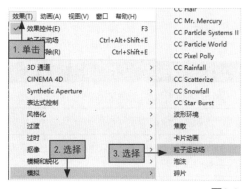

图8-2

前面介绍了粒子运动场的功能及意义，下面介绍如何使用和控制粒子运动场。

❶ 发射

发射器是默认的生成控件，也是经常使用的发射器，如果要使用其他发射器，则需要将发射器参数组中的"每秒粒子数"参数值设置为0，以关闭默认发射器，"发射器"面板如图8-3所示，参数名称及作用见表8-1。

图8-3

表8-1

参数名称	作 用
位置	用于指定粒子发射点的位置
圆筒半径	用于设置"发射"圆筒半径的大小
每秒粒子数	粒子每秒发射的数量，值为0，不创建任何粒子
方向	用于指定每个粒子的方向
随机扩散方向	用于指定粒子发射的随机偏移方向
速率	用于控制粒子发射的速度
随机扩散速率	用于指定粒子的年龄阈值，正值影响较老的粒子，负值影响年轻的粒子
颜色	用于指定粒子的颜色
粒子半径	用于设置点的半径（以像素为单位）或文本字符的大小（以磅为单位）

❷网格

　　网格是从一组网格的交点位置处连续发射的粒子面，网格粒子的运动完全取决于重力、排斥、墙和属性映射器。默认设置下，重力是被激活的，因此，粒子从上向下运动，网格会在每一帧的每个网格交点处发射新的粒子，"网格发射器"面板如图8-4所示，参数名称及作用见表8-2。

图8-4

表8-2

参数名称	作 用
位置	用于指定网格中心x，y坐标
宽度/高度	用于以像素为单位确定网格的边框尺寸
粒子交叉/下降	分别指网格区域中心水平和垂直方向上分布的粒子数，仅当该值大于1时才产生粒子
颜色	用于指定圆点或文本字符的颜色，当用一个已存在的层作为粒子源时，该特效无效
粒子半径	用于用来控制粒子的形状

❸图层爆炸

　　"图层爆炸"属性用于将图层爆炸为新粒子，可以分裂一个层作为粒子，用来模拟出爆炸效果，其面板如图8-5所示，参数名称及作用见表8-3。

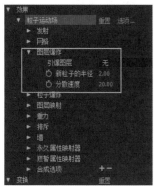

图8-5

表8-3

参数名称	作 用
引爆图层	用于指定要爆炸的图层
新粒子的半径	用于以像素为单位确定网格的边框尺寸
分散速度	用于以像素为单位，决定了所产生粒子速度变化范围的最大值

❹.粒子爆炸

"粒子爆炸"属性用于将粒子爆炸为更多新的粒子。除爆炸效果以外，这些爆炸控件也可模拟焰火，或快速增加粒子的数量，面板如图8-6所示，参数名称及作用见表8-4。

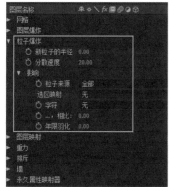

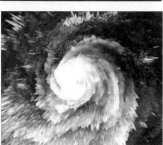

图8-6

表8-4

参数名称	作 用
新粒子的半径	用于指定新粒子的半径，该值必须小于原始层和原始粒子的半径值
分散速度	以像素为单位，决定了所产生粒子速度变化范围的最大值
影响	用于指定哪些粒子受选项影响
粒子来源	用于在下拉列表中选择粒子发射器，或选择其粒子受当时选项影响的粒子发射器组合
选区映射	用于在下拉列表中指定一个映射层，来决定当前选项下影响哪些粒子
字符	用于在下拉列表中指定受当前选项影响的字符的文本区域，该效果只有在将文本字符作为粒子使用时才有效
…，相比	用于指定粒子的年龄阈值，正值影响较老的粒子，负值影响年轻的粒子
年限羽化	以秒为单位，指定一个时间范围，范围内所有粒子都被羽化或柔和，产生一个逐渐而非突然的变化效果

8.1.2 粒子形状的控制

默认设置下，粒子发射器、网格、图层爆炸和粒子爆炸都产生的是点状粒子，而使用合成中的某个图层可以替换点状粒子，比如图形或文字等，下面介绍粒子形状控制的内容。

❶图层映射

图层映射可以把合成中的某个图层用来替换点状粒子，比如使用一只飞舞的蝴蝶影片作为一个粒子的源图层，软件会把所有的点替换为飞舞的蝴蝶，创建出一群蝴蝶飞舞的壮观景象，如图8-7所示。

图8-7

粒子源图层可以是静态图像、固态层或者一个嵌套合成，"图层映射"面板如图8-8所示，参数名称及作用见表8-5。

图8-8

表8-5

参数名称	作 用
使用图层	用于指定作为映像的层
时间偏移类型	用于指定时间偏移的类型
时间偏移	用于指定开始播放图层中的连续帧时的起始帧
影响	用于指定"图层映射"控件影响的粒子

知识延伸|时间偏移类型补充说明

时间偏移包括：相对、绝对、相对随机、绝对随机4种类型。选择"相对"选项时，根据设定的时间位移决定从哪里开始播放，即粒子的贴图与动画中粒子当前帧的时间保持一致；选择"绝对"选项时，根据设定的时间位移显示映像层中的一帧而忽略当前的时间；选择"相对随机"时，每一个粒子都从映像层中一个随机的帧开始，其随机范围从粒子运动场的当前时间值到所设定的随机时间最大值；选择"绝对随机"选项时，每一个粒子都从映像层的0到所设置的随机时间最大值之前任一随机的帧开始。

2. 文本映射

除了用图层替换粒子外，还可以用文本字符替换粒子，如果文字的特效不多，则渲染速度会比图层映射更快。在AE中，可以将默认的"发射"粒子替换为文本，也可以将默认的"网格"粒子替换为文本。

8.1.3 粒子行为的控制

有些控制是在粒子一产生时就发生作用的，包括发射、网格、图层爆炸和粒子爆炸等，而另外一些是在粒子产生后，伴随着整个粒子的生命周期发生作用的，包括重力、排斥、墙、永久属性映射器和短暂属性映射器等，为了更好地控制粒子的运动和外观，需要恰当地设置各个控制选项。

1. 重力

使用"重力"属性可以使粒子按指定方向运动，粒子在重力方向上做加速运动，使用垂直方向的重力可以产生像雨、雪下落的粒子，或者像气泡上升的粒子，使用水平方向的重力可以模拟风的效果，"重力"属性面板如图8-9所示，参数名称及作用见表8-6。

图8-9

表8-6

参数名称	作　用
力	较大的值增大重力影响，正值使重力沿重力方向影响粒子，负值沿重力反方向影响粒子
随机扩散力	当值较大时，粒子以不同的速率下落，值为0时，所有粒子都以相同的速率下落
方向	默认180°向下

2. 排斥

"排斥"属性用于指定附近粒子相互排斥或吸引的方式。此功能可模拟将正负磁力添加到每个粒子。可以指定哪些粒子、图层或字符是排斥力，以及排斥的对象。如果要排斥整个图层的粒子使其远离特定区域，则使用"属性映射器""墙"或"梯度力"属性。"排斥"控件面板如图8-10所示，参数名称及作用见表8-7。

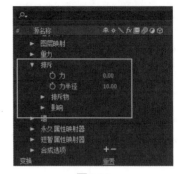

图8-10

表8-7

参数名称	作 用
力	用于控制斥力的大小（斥力影响程度）。值越大，斥力越大。正值排斥，负值吸引
力半径	用于指定粒子受到排斥或者吸引的范围
排斥物	用于指定哪些粒子作为一个粒子子集的排斥源或者吸引源
影响	用于指定图层粒子中应用有排斥或吸引的子集

❸墙

"墙"属性用于包含粒子，从而限制粒子可以移动的区域。墙是闭合蒙版，可以使用蒙版工具（如钢笔工具）创建。在粒子撞到墙时，会以基于碰撞力的速率弹开。"墙"属性面板如图8-11所示，参数名称及作用见表8-8。

图8-11

表8-8

参数名称	作 用
边界	用于指定一个封闭区域作为边界墙
影响	用于指定哪些粒子受选项影响

❹永久属性映射器

永久属性映射器保持粒子属性通过图层映射后为后面的粒子的生命周期而设置的最近的值，比如使用图层映射设置粒子大小，且动画图层映射使其离开屏幕，那么粒子将保持图层离开屏幕时的大小值，"永久属性映射器"面板如图8-12所示，参数名称及作用见表8-9。

图8-12

表8-9

参数名称	作 用
使用图层作为映射	用于指定一个层作为影响粒子的层映射
影响	用于指定哪些粒子受选项影响
最小/最大值	用于当层映射的亮度值范围太宽或太窄时，拉伸、压缩或移动层映射产生的范围
将红/绿/蓝色映射为	用于通过选择下拉列表中指定层映射的RGB通道来控制粒子的属性

❺ 短暂属性映射器

短暂属性映射器可以使粒子属性在每一帧后都恢复到原始设置。比如使用图层映射设置了粒子的大小，而且动画图层映射使其离开屏幕，当没有图层映射像素与之对应时，每个粒子都恢复到原始设置。"短暂属性映射器"面板如图8-13所示，参数名称及作用见表8-10。

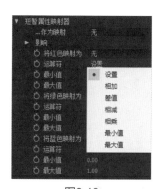

图8-13

表8-10

参数名称	作 用
相加	粒子属性与相对应的层映射像素值的合计值
差值	粒子属性与相对应的层映射像素值的差的绝对值
相减	粒子属性与相对应的层映射像素值相减的值
相乘	粒子属性与相对应的层映射像素值相乘的值
最小/大值	粒子属性值与相对应层映射像素亮度值中较小/大的值

"永久属性映射器"和"短暂属性映射器"属性中的"将红绿蓝映射为"这3个通道都可以打开下拉参数列表，见表8-11。

表8-11

参数名称	作 用	参数名称	作 用
无	不改变粒子	红绿蓝	粒子的R、G、B通道的值
动态摩擦	运动物体的阻力值，增大该值可以减慢或停止运动的粒子	静态摩擦	粒子不动的惯性值
角度	粒子移动方向的一个值	角速度	粒子旋转的速度，该值决定了粒子绕自身旋转的速度

续表

参数名称	作用	参数名称	作用
扭矩	粒子旋转的力度	缩放	粒子沿着x、y轴缩放的值
X/Y	粒子沿着x轴或y轴的位置	渐变速度	基于层映射在x轴或y轴运动面上的区域的速度调节
X/Y速度	粒子在x轴向或y轴向的速度，即水平方向或垂直方向的速度	梯度力	基于层映射在x轴或y轴运动区域的力度调节
X/Y力	沿x轴或y轴运动的强制力	不透明度	粒子的透明度，值为0时全透明，值为1时不透明，可以通过调节该值使粒子产生淡入或淡出效果
质量	粒子聚集，通过所有粒子的相互作用调节张力	寿命	调整粒子的生存期，默认的生存期是无限的
字符	仅当使用文本字符作为粒子时，才应用此控件	字体大小	字符的点大小，当用文本字符作为粒子时才可使用
时间偏移	层映射属性作用的时间位移值	缩放速度	控制缩放的速度

 实战应用 制作"音符跳动"效果

本例通过制作音符跳动的效果，说明粒子运动场的用法。

源文件/第8章	初始文件|跳动的音符.aep
	最终文件|跳动的音符.aep

步骤01 打开"跳动的音符.aep"项目文件，有一个背景图层和音符文本图层，调节图层的位置，将文本层放在背景层上方，如图8-14所示。

图8-14

步骤02 选中文本层，单击"效果"菜单项，在弹出的下拉菜单中选择"模拟"→"粒子运动场"命令，添加粒子特效。打开"效果"面板，选择粒子运动场，如图8-15所示。

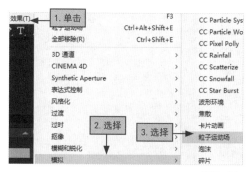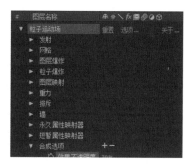

图8-15

步骤03 打开"发射"面板，设置"每秒粒子数"为3，"位置"为（360,288），"随机扩散方向"为76，"粒子半径"为1，"速率"为50，如图8-16所示。

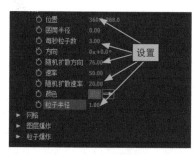

图8-16

步骤04 打开"网格"面板，设置"宽度"为200，"粒子交叉"和"粒子下降"为1，打开"图层爆炸"面板，在"引爆图层"下拉列表框中选择音符文本层，设置"新粒子的半径"为2，"分散速度"为10，如图8-17所示。

图8-17

步骤05 打开"图层映射"面板，设置"使用图层"为音符文本层，在"重力"选项下，设置"力"为10，"方向"为45×120°，在"永久属性映射器"选项下，把映射图层改为音符文本层，如图8-18所示。

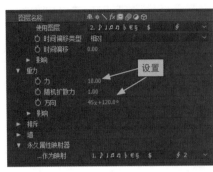 

图8-18

步骤06 选中"音符文本"图层，按Ctrl+D组合键，复制音符文本层，把重力方向改为（-45×
-120°），与第一个音符方向相反，形成交叉的效果，如图8-19所示。

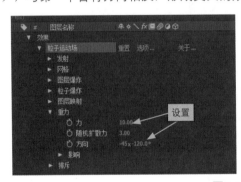 

图8-19

步骤07 打开"合成选项"面板，设置"效果不透明度"上面一层数值为40，下面一层数值为
70，以区分两层的变化。按空格键或者按小键盘上的0键播放，如图8-20所示。

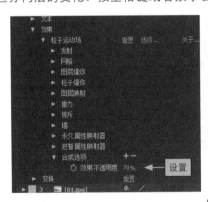 

图8-20

LESSON 8.2 破碎效果

知识级别

□初级入门 | ■中级提高 | □高级拓展

知识难度 ★★★

学习时长 100 分钟

学习目标

① 学习破碎效果的显示与输出。
② 学习破碎控制选项。
③ 学习三维效果的应用。

※主要内容※

内　容	难　度	内　容	难　度
认识破碎效果	★	破碎效果的控制	★★
三维破碎效果的应用	★★		

效果预览 > > >

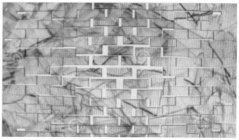

8.2.1 认识破碎效果

在许多视频中都会出现破碎效果。单击"效果"菜单项，在弹出的下拉菜单中选择"模拟"→"碎片"命令，其面板及效果如图8-21所示。

图8-21

碎片效果可使图像爆炸。使用此效果的控件可设置爆炸点，以及调整强度和半径。半径外部的所有内容都不会爆炸，以使图层的某些部分保持不变。

8.2.2 破碎效果的控制

破碎效果可以对碎片的位置、力量和半径等进行调节控制。还可以自定义碎片的形状，做出多种不同的效果。下面介绍常用破碎控制属性。

1.视图

"视图"属性可精确指定如何使用不同的视图使场景显示在"合成"面板中，其属性面板如图8-22所示，参数名称及作用见表8-12。

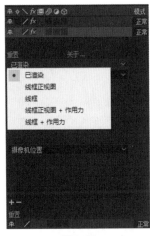

图8-22

表8-12

参数名称	作 用
已渲染	用于显示有纹理和光照的碎块
线框正视图	用于从无透视的全屏、平视摄像机镜头视角显示图层，使用此视图可调整难以从某视角看到的效果点和其他参数
线框	用于显示场景的相应透视图
线框正视图+作用力	用于显示图层的线框正视图表现形式，以及各力球的表现形式
线框+作用力	用于显示线框视图，以及力球的表现形式

2.渲染

"渲染"属性用于设置渲染的区域，其中的颜色主要包括全部、图层和块3个参数，"渲染属性"面板如图8-23所示，参数名称及作用见表8-13。

图8-23

表8-13

参数名称	作　用
全部	用于显示所有对象
图层	用于显示未破碎的层
块	用于显示已破碎的层

3.形状

"形状"属性用于指定碎块的形状和外观，其属性面板如图8-24所示，参数名称及作用见表8-14。

表8-14

参数名称	作　用
图案	用于提供众多系统预制的碎片外形
自定义碎片图	用于在该选项的下拉列表中选择一个目标层，这个层将影响碎片的形状
...已修复	用于开启颜色平铺的适配功能
重复	用于指定碎片的重复数量，值越大，分解碎片越多
方向	用于设置碎片产生时的方向
源点	用于指定碎片的初始位置
凸出深度	用于设置碎片的厚度，数值越大，碎片越厚

图8-24

4.渐变

"渐变"属性用于指定渐变图层或者控制爆炸的时间安排以及爆炸影响的碎块，利用渐变效果影响破碎效果，其面板如图8-25所示，参数名称及作用见表8-15。

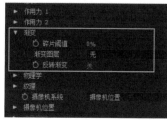

表8-15

参数名称	作　用
碎片阈值	用于指定碎片的容差值
渐变图层	用于指定合成图像中的一个层作为破碎渐变层
反转渐变	用于反转渐变层

图8-25

⑤作用力1/2

在AE中，破碎会产生两个力场，但在默认情况下仅使用一个，这两个力场使用两个不同的作用力来定义，其属性面板如图8-26所示，参数名称及作用见表8-16。

图8-26

表8-16

参数名称	作　用
位置	用于指定力产生的位置
深度	力的半径，值越高，半径越大，受力范围也越广
半径	用于开启颜色平铺的适配功能
强度	用于指定力产生的强度，值越高，强度越大

⑥物理学

"物理学"属性用于指定碎块在整个空间中移动和落下的方式，其属性面板如图8-27所示，参数名称及作用见表8-17。

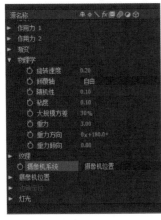

图8-27

表8-17

参数名称	作　用
旋转速度	用于设置碎片的旋转速度，值为0时不产生旋转
倾覆轴	用于指定破碎产生的碎片的翻转方式
随机性	用于控制碎片飞散的随机值
粘度	用于控制碎片的黏度
大规模方差	用于控制破碎碎片集中的百分比
重力	用于确定碎块破碎并爆开后发生的情况
重力方向/倾向	碎块受重力影响时在 (X,Y)/Z 空间中移动的方向

⑦纹理

"纹理"属性用于指定碎块的纹理，其属性面板如图8-28所示，参数名称及作用见表8-18。

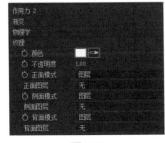

图8-28

表8-18

参数名称	作　用
颜色	用于设置碎片的颜色，默认使用当前层作为碎片颜色
不透明度	用于设置碎片的不透明度
正/侧/背面模式	用于设置碎片正/侧/背面材质贴图的方式
正/侧/背面图层	用于指定一个图层作为碎片正/侧/背面材质的贴图

⑧.摄像机系统

"摄像机系统"属性用于控制特效摄像机，选择不同的摄像机系统，其效果也不同。选择"摄像机位置"选项后，可以通过"摄像机位置"参数控制摄像机观察效果；选择"边角定位"选项后，将由"边角定位"参数控制摄像机效果；选择"合成摄像机"选项，则通过合成图像中的摄像机控制其效果，比较适用于当特效层为3D层时。

⑨.摄像机位置

"摄像机位置"属性主要用于当选择"摄像机位置"作为摄像机系统时，可以激活该选项相关属性，其属性面板如图8-29所示，参数名称及作用见表8-19。

表8-19

图8-29

参数名称	作 用
X/Y/Z轴旋转	用于控制摄像机在x、y、z轴上的旋转角度
X、Y/Z位置	用于控制摄像机在三维空间上的位置属性
焦距	用于控制摄像机的焦距
交换顺序	用于调整旋转与位置的交换顺序

⑩ 边角定位

边角定位是备用的摄像机控制系统，可用作辅助控件，以便将效果合成到相对于帧倾斜的平面上的场景中，其面板如图8-30所示，参数名称及作用见表8-20。

表8-20

图8-30

参数名称	作 用
左上角/右上角/左下角/右下角	通过4个点定位来调整摄像机的位置，也可以直接在"合成"窗口中拖动控制点改变位置
自动焦距	用于设置摄像机的自动焦距
焦距	用于控制摄像机的焦距

⑪灯光

"灯光"属性是对特效中的灯光效果进行控制，主要是对灯光的类型、强度、颜色、位置、深度以及环境光6种属性进行设置，其属性面板如图8-31所示，参数名称及作用见表8-21。

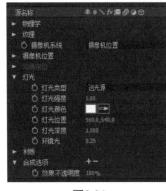

图8-31

表8-21

参数名称	作　用
灯光类型	用于指定灯光的使用类型
灯光强度	用于控制灯光照明的强度
灯光颜色	用于调整灯光的颜色
灯光位置	用于指定光源在二维空间的位置
灯光深度	用于控制灯光在z轴上的深度位置
环境光	用于指定灯光在层中的环境光强度

知识延伸 | 灯光类型参数的补充说明

灯光类型主要分为3种，分别是：点光源、远光源、首选合成灯光。其中，"点光源"表示使用点光源照明方式；"远光源"表示使用远光照明方式；"首选合成光"表示使用合成图像中的第一盏灯作为照明方式。使用"首选合成光"时，必须确认合成图像中已经建立了灯光。

⑫ 材质

　　"材质"属性控件主要用于指定特效中的材质反射和锐化效果，其属性面板如图8-32所示，参数名称及作用见表8-22。

图8-32

表8-22

参数名称	作　用
漫反射	用于控制漫反射的强度
镜面反射	用于控制镜面反射的强度
高光锐度	用于控制高光锐化的强度

  实战应用 制作"文字破碎"效果

　　本例通过实现文字破碎的效果，说明破碎效果的用法。

源文件/第8章	初始文件|文字破碎.aep
	最终文件|文字破碎.aep

步骤01 打开"文字破碎.aep"项目文件，有一个蓝色的"xing.jpg"图片层和"浩瀚星空"的文本层，单击"效果"菜单项，在弹出的下拉菜单中选择"模拟"→"碎片"命令，此时，文字会被挡住，如图8-33所示。

图8-33

步骤02 打开"浩瀚星空"的效果控件，设置"视图"为已渲染，可看到文字出现在"xing.jpg"图层上，如图8-34所示。

图8-34

步骤03 打开"形状"面板，设置"图案"为正方形及三角形，设置"自定义碎片图"为"2.浩瀚星空"，"重复"为15，"方向"为（0×15°），如图8-35所示。

图8-35

步骤04 打开"物理学"面板，调整物理属性，设置"旋转速度"为0.3，"倾覆轴"为自由，"随机性"为0.2，"大规模方差"为25％，"重力"为5，"重力倾向"为0.1，如图8-36所示。

步骤05 打开"合成选项"面板，设置"效果不透明度"为90％，按0可查看播放效果，如图8-37所示。

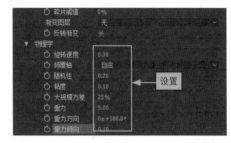

图8-36

图8-37

8.2.3 三维破碎效果的应用

破碎效果的应用十分广泛，既可以单独使用，也可以配合一些插件一起使用。例如，和Trapcode Particular、CC Particle World 与CC Pixel Polly等插件一起使用，制作出三维破碎效果。具体操作步骤如下。

[知识演练] 制作玻璃的三维破碎效果

源文件/第8章	初始文件\破碎的玻璃.aep
	最终文件\破碎的玻璃.aep

步骤01 打开"破碎的玻璃.aep"项目文件，有一个"飞过的摩托.avi"视频层，一个"玻璃.jpg"图片层。单击右键新建一个纯色固态层，如图8-38所示。

图8-38

步骤02 选中"玻璃.jpg"图层,单击"效果"菜单项,在弹出的下拉菜单中选择"模拟"→"碎片"命令,给"玻璃.jpg"添加碎片特效,如图8-39所示。

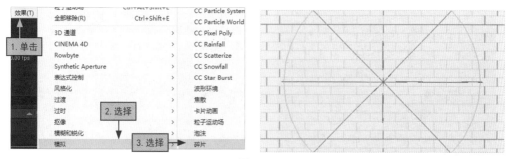

图8-39

步骤03 打开"效果"控件面板,设置"视图"为"已渲染",把时间指示器往后移动到第2帧,如图8-40所示。

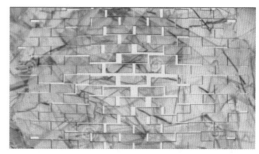

图8-40

步骤04 打开"形状"面板,设置"图案"为玻璃,"凸出深度"为0.27,打开"渐变"面板,设置"碎片阈值"为17%。选中固态层,单击"效果"菜单项,在弹出的下拉菜单中选择"模拟"→"碎片"命令,添加破碎效果,如图8-41示。

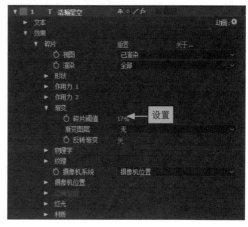

图8-41

步骤05 打开"形状"面板，设置"图案"为"玻璃"，"凸出深度"为0.2，如图8-42所示。

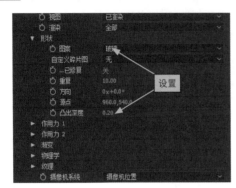 

图8-42

步骤06 单击右键新建固态层，命名为00，选中"00"图层，单击"效果"菜单项，在弹出的下拉菜单中选择"模拟"→CC Pixel Polly命令，添加Pixel Polly特效，如图8-43所示。

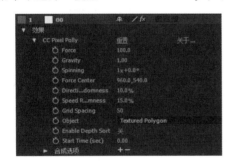 

图8-43

步骤07 选中玻璃层，按Ctrl+D组合键复制玻璃层，命名为"玻璃02"。删除效果控件，缩短时间到6帧，并移动到时间指示器最前面，把其他图层向后移动6帧，如图8-44所示。

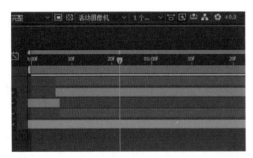 

图8-44

LESSON 8.3 其他粒子插件

知识级别

□初级入门 ｜ □中级提高 ｜ ■高级拓展

知识难度 ★★

学习时长 80 分钟

学习目标

① 了解 Trapcode Particular 插件。
② 了解 CC Particle World 插件。

※主要内容※

内 容	难 度	内 容	难 度
了解Trapcode Particular插件	★★★	CC Particle World 插件的介绍与应用	★★★

效果预览 > > >

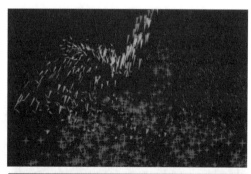

8.3.1 了解Trapcode Particular插件

Particular是Adobe After Effects的一个3D粒子系统，它可以产生各种各样的自然效果，像烟、火、闪光，也可以产生有机的和高科技风格的图形效果，它对于运动的图形设计是非常有用的，如图8-45所示。

图8-45

Trapcode Particular插件拥有更为强大的粒子系统、三维元素以及体积灯光，能够随心所欲地创建理想的3D场景。Trapcode Particular插件支持AE CS6和CC等版本，已成为粒子类插件的核心，是视频处理必备的一款后期插件。

8.3.2 CC Particle World 插件的介绍与应用

CC Particle World是CC插件里最好的一款粒子插件，但要比Particle简略得多，参数也简单很多，效果比较明显。此特效与CC Particle Systems II（二维粒子运动系统）特效相似，CC Particular World特效参数主要由Scrubbers（图片模式）、Grid（网格子系统）、Producer（发射子系统）、Physics（物理子系统）、Particle（粒子子系统）和Camera（摄像机子系统）组成。应用CC Particle World（三维粒子运动）特效前后效果如图8-46所示。

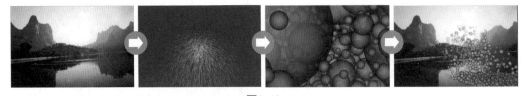

图8-46

单击"效果"菜单项，在弹出的下拉菜单中选择"模拟"→CC Particle World命令，其属性面板如图8-47所示。

 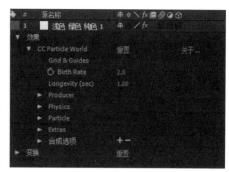

图8-47

参数名称及作用见表8-23。

表8-23

参数名称	作　用	参数名称	作　用
Grid & Guides（网格与参考线）	网格与参考线的各项数值	Animation（动画）	用于选择粒子的运动方式
Birth Rate（出生率）	用于设置粒子产生的数量	Velocity（速度）	粒子的发射速度，数值越大，粒子就飞散得越高越远；反之亦样
Longevity（寿命）	用于设置粒子的存活时间，其计量单位为秒	Inherity Velocity %（继承的速率）	用于控制子粒子从主粒子继承的速率大小变化
Producer（发生器）	粒子产生的位置及范围	Gravity（重力）	用于为粒子添加重力，当数值为负数时，粒子向上运动
Position X/Y/Z（X/Y/Z轴的位置）	用于指定粒子产生在X/Y/Z轴上的位置	Resistance（阻力）	粒子产生时的阻力，数值越大，粒子发射的速度越小
Radius X/Y/Z（X/Y/Z轴半径）	用于设置粒子在X/Y/Z轴上产生的范围大小	Extra（追加）	用于设置粒子的扭曲程度
Physics（物理性质）	用于设置粒子的运动效果	Extra Angel（追加角度）	用于设置粒子的旋转角度
Paticle（粒子）	用于设置粒子的纹理、形状以及颜色等	Paticle Type（粒子类型）	用于选择其中一种类型作为要产生的粒子类型
Texture（纹理）	用于设置粒子的材质贴图	Max Opacity（最大不透明度）	用于设置粒子的不透明度
Color Map（颜色贴图）	用于选择粒子贴图的类型	Birth Color（产生颜色）	用于设置产生的粒子的颜色

续表

参数名称	作　用	参数名称	作　用
Death Color（死亡颜色）	用于设置即将死亡粒子的颜色	Volume Shade（体积阴影）	用于设置粒子的阴影
Transfer Mode（叠加模式）	用于设置粒子之间的叠加模式		

 实战应用　制作"光线粒子"效果

本例综合利用CC Particle World的效果控件，通过其属性参数的设置，实现色彩绚丽的光线粒子效果。

源文件/第8章	初始文件|光线粒子.aep
	最终文件|光线粒子.aep

步骤01 打开"光线粒子.aep"项目文件，可看到一个背景层。选中"粒子"层，单击"效果"菜单项，在弹出的下拉菜单中选择"模拟"→"CC Particle World命令，添加特效，如图8-48所示。

图8-48

步骤02 选中背景层并右击，在弹出的快捷菜单中选择"预合成"命令，在弹出的面板中选择"将所有属性移动到新合成"选项，将新合成名称命名为"背景合成1"，单击"确定"按钮如图8-49。

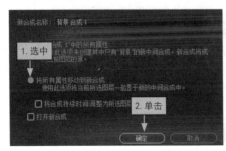

图8-49

步骤03 打开Paticle面板，设置Paticle Type为Shaded Sphere方式，Birth Color为紫色，Death Color
为红色，如图8-50所示。

图8-50

步骤04 设置Longevity(sec)"为4，在Physics选项中，设置Animation为Direction Axis模式，
Velocity为0.2，在Floor选项中，设置Floor Action为Bunce模式，如图8-51所示。

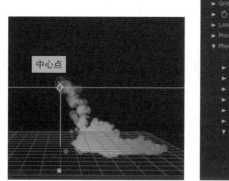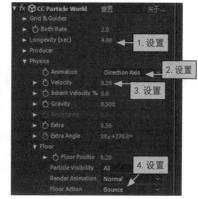

图8-51

步骤05 在Particle选项中，设置Birth Size为0.04，Death Size为0.02。在Physics选项中，选择
Extra Angle属性，将时间指示器移到第0秒处设置关键帧，数值为1×0.0°，将时间指示器移
到第10秒处设置关键帧，数值为5×100.0°，将时间指示器移到第30秒处设置关键帧，数值为
20×270.0°，如图8-52所示。

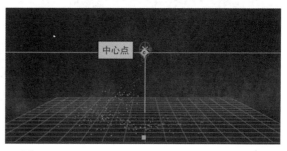

图8-52

步骤06 单击右键新建空对象，按Ctrl+Shift+Alt组合键新建摄像机，建立空对象与摄像机的父子

关系。打开空1白层，设置"y轴旋转"属性，将时间指示器移到第5秒处设置关键帧，数值为
2×90°，将时间指示器移到第10秒处设置关键帧，数值为2×90°，将时间指示器移到第15秒
处设置关键帧，数值为10×60°，如图8-53所示。

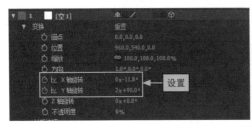

图8-53

步骤07 选择"x轴旋转"，将时间指示器移到第0秒处设置关键帧，数值为0×0.0°，将时间指
示器移到第5秒处设置关键帧，数值为0×-30°。选中层1，按Ctrl+D组合键复制层，把复制
层往上移动3个单位，在Partticle选项中，设置Partticle Type为Star，Birth Color为蓝色，Death
Color为红色，如图8-54所示。

图8-54

步骤08 选中层1，按Ctrl+D组合键复制层，把复制层往上移动3个单位，在Partticle选项中，设置
Partticle Type为Motion Polygon，Birth Rate为2，Birth Color为绿色，Death Color为红色，导入背
景图片"绚丽的光"，关闭空对象，如图8-55所示。

图8-55

第9章

表达式
的应用

学习目标

在制作多个特殊动画效果时，如果使用关键帧设置，则效率很低，使用表达式则可以避免许多重复的操作，它可以在不同的属性之间彼此建立链接关系。本章将介绍表达式的建立、使用及应用，并通过实例进行演示。

本章要点

◆ 添加表达式
◆ 用关联器创建表达式
◆ 修改关联器
◆ 表达式的关联
◆ JavaScript的表达式库
......

LESSON 9.1 表达式的创建与修改

知识级别

■初级入门 | □中级提高 | □高级拓展

知识难度 ★★★

学习时长 100 分钟

学习目标

① 认识什么是表达式，并掌握表达式的添加方法。
② 掌握如何使用关联器创建关联。
③ 掌握表达式的修改方法。
④ 了解表达式的语法。

※主要内容※

内　容	难　度	内　容	难　度
认识并添加表达式	★★	用关联器创建关联	★
修改关联器	★★	表达式的语法	★★

效果预览 > > >

9.1.1 认识并添加表达式

After Effects表达式语言虽然源于JavaScript脚本语言，但"关联器"创建表达式不需要掌握JavaScript脚本语言，直接利用"表达式关联器"关联表达式或者在其他地方复制表达式到需要的地方，并根据效果修改或直接粘贴即可。

添加表达式，首先打开图层，找到工作区下方出现的目标属性，按住Alt键单击关键帧码表，出现表达式，在展开的图层中，按住Alt键，分别单击"位置"和"旋转"属性，程序自动在下方显示出对应的表达式，并包括"启用表达式""显示后表达式图表""表达式关联器"和"表达式语言菜单"4个按钮，如图9-1所示。

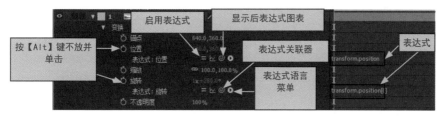

图9-1

此外，还可通过以下两种方法添加表达式。

● 在"时间轴"面板中选择需要添加表达式的动画属性，单击"效果"菜单项，选择"添加表达式"命令。注意，如果该属性已经存在有表达式，"添加表达式"命令会变成"移除表达式"命令，如图9-2图所示。

● 选择需要添加表达式的动画属性，按Alt+Shift+ =组合键激活时间轴下的表达式输入框，此时即可手动添加表达式。

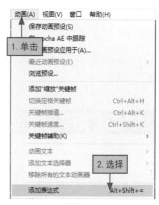

图9-2

知识延伸|输入表达式时的注意事项

在输入表达式时需要注意以下3点。在编写表达式时，一定要注意大小写，因为JavaScript程序语言区分大小写；After Effects表达式需要使用分号作为一条语句的分行；单次间多余的空格将被忽略（字符串中的空格除外）。

添加表达式后，还可以为图层属性添加或编辑关键帧，与其相互辅助使用，表达式甚至可以将这些关键帧动画作为基础，为关键帧动画添加新的属性。

如果输入表达式有误，After Effects会自动报告错误，自动终止表达式的运行，并显示一个警告标志，单击警告标志会弹出报错消息的对话框，如图9-3所示。

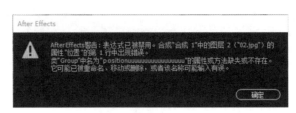

图9-3

　　一些表达式在运行时会调用图层的名称或是图层属性的名称。如果修改了表达式调用的图层名称或图层属性的名称，After Effects会自动尝试在表达式中更新这些名称。但在一些情况下，After Effects会更新失败而出现报错信息，这时就需要手动更新这些名称。注意，使用预合成也会产生表达式更新报错的问题，因此在有表达式的工程文件中进行预合成时一定要谨慎。

　　表达式输入方法：首先使用"表达式关联器"创建一个简单的关联表达式，然后使用数学运算对表达式进行微调。例如在表达式的末尾添加*10，使表达式的数值变成原来的10倍，也可以使用/2算式，让表达式的数值变成原来的1/2。如果对表达式语言比较了解，可以直接使用数学运算来调整表达式。在"时间轴"面板的表达式语言菜单中包含有After Effects表达式的一些标准命令，对表达式的输入以及语法掌握有很大的帮助。

　　在After Effects表达式菜单中选择对象的任意动画属性，After Effects会自动在时间轴下的表达式输入框中显示表达式，然后只要根据命令中的参数和变量按实际需要的效果进行修改即可。

9.1.2 用关联器创建关联

　　通过"表达式关联器"可以将几个动画属性关联起来，其操作是：选择该图标后按下鼠标左键并拖动到其他属性上，释放鼠标即可创建关联。

　　随着"表达式关联器"的启用，时间轴下的表达式也会发生变化。此外也可以直接在表达式输入框中直接输入表达式创建关联。

[知识演练] 用关联器为"位置"属性创建表达式

源文件/第9章	初始文件|使用关联器创建表达式.aep
	最终文件|使用关联器创建表达式.aep

步骤01 打开"使用关联器创建表达式.aep"项目文件，有"02.jpg"和"03.jpg"两个图层，单击两个图层的变换按钮，会显示有"锚点""位置""缩放""旋转"和"不透明度"5个属性，如图9-4所示。

图9-4

步骤02 选中"02.jpg"图层，按住Alt键的同时单击"位置"属性前面的码表，在下方会出现表达式，且右边的时间轴出现具体的表达式：transform.position，如图9-5所示。

图9-5

步骤03 选中"02.jpg"图层，把"表达式：位置"右边的"表达式关联器"按钮拖曳到图层"03.jpg"位置属性Y轴上去，右边的时间轴下边就会出现相应的表达式：temp = thisComp.layer("03.jpg").transform.position[1];[temp, temp]，如图9-6所示。

图9-6

步骤04 在表达式后面加上"+[0,10]"，让"02.jpg"图层的位置始终位于"03.jpg"图层的下面10px处，如图9-7所示。

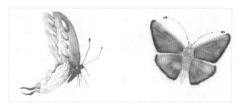

图9-7

9.1.3 修改关联器

在添加完表达式之后，就可以通过修改关联器来改变表达式，以达到不同的效果。例如：

```
emp = thisComp.layer("03.jpg").transform.position[1];
[temp, temp]+[0,10]
```

让"02.jpg"图层的位置始终位于"03.jpg"图层的下面10px处。只需把"表达式关联器"拖拽到X轴上加上"+[0,10]"，变成：

```
emp = thisComp.layer("03.jpg").transform.position[0];
[temp,temp]+[0,10],
```

就变成了"02.jpg"图层始终位于"03.jpg"图层的右边10px处，如图9-8所示。

图9-8

或者也可以直接编辑表达式，从而影响关联器，例如，为图层的"位置"属性添加表达式：

```
transform.position.wiggle(10,10)
```

这时产生的结果是在"位置"属性的基础上产生了位置偏移效果，如图9-9所示。

图9-9

知识延伸 | 保存表达式

在After Effects中，可以将含有表达式的动画保存为"动画预设"，在其他文件中就可以直接调用这些动画预设。在同一个合成项目中，可以复制动画属性的关键帧和表达式，然后将其粘贴到其他动画属性中，当然也可以只复制属性中的表达式。

9.1.4 表达式的语法

任何一门编程语言都有属于自己的语法格式，如果不遵循这些语法格式，代码就不能运行。

由于After Effects表达式语言来源于JavaScript语言，所以After Effects的语法要根据JavaScript语言语法使用，并且表达式在其中内嵌了诸如图层、合成、素材和摄像机之类的扩展对象，这样表达式就可以访问到After Effects项目中的大多数属性值。

下面具体介绍有关表达式的各种语法内容。

❶ 访问对象的属性和方法

在使用表达式时，可以获取图层属性中的attribute（属性）和methods（方法）。After Effects表达式语法规定，全局对象与次级对象必须以点号进行分割，各个物体图层之间的层次关系也使用点号来分割，另外，对象与其"属性"和"方法"同样需要使用点号来进行区分，如图9-10所示。

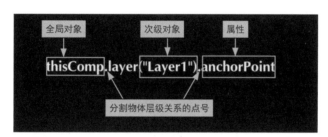

图9-10

如果图层属性中带有arguments（陈述）参数，则称该属性为methods（方法）；如果图层属性中没有带arguments（陈述）参数，则称该属性为attributes（属性）。

对于图层下面的子菜单，如蒙版、模糊、滤镜等，在After Effects表达式语法中一般使用圆括号来进行层次区分。例如要将Layer A图层中的"不透明度"属性使用表达式链接到Layer B图层中的"高斯模糊"滤镜的"模糊度"属性中，这时可以在Layer A图层的"不透明度"属性中编写如下所示的表达式。

```
thisComp.layer("LayerB").effect("Gaussian Blur")("Blurriness");
```

如果使用的对象属性是自身，那么可以在表达式中忽略对象层级不进行书写，因为After Effects能够默认将当前的图层属性设置为表达式的对象属性。例如，在图层的"位置"属性中使用wiggle表达式，可以使用以下两种编写方式。

```
wiggle(5,10)
position.wiggle(5,10)
```

在After Effects中，当前制作的表达式如果将其他图层属性作为调用的对象属性，那么在表达式中就一定要书写对象信息及属性信息。例如，为Layer B图层中的"不透明度"属性制作表达式，将Layer A中的"旋转"属性作为连接的对象属性，表达式如下所示。

```
thisComp.layer("Layer A").transform.rotation
```

❷ 表达式时间

表达式时间是指表达式使用的合成时间，一般以"秒"为单位来衡量。默认的表达式时间是当前合成的时间，它是一种绝对时间，下面的两个合成都是使用默认的合成时间并返回一样的时间值。

```
ThisComp.layer(1).position
ThisComp.layer(1).position.valueAtime(time)
```

在一些情况下如果要使用相对时间，只需要在当前时间参数上增加一个时间增量。例如，要使时间比当前时间提前10秒，下表达式如下所示。

```
ThisComp.layer(1).position.valueAtime(time-10)
```

合成中的时间在经过嵌套后，表达式中默认的还是使用之前的合成时间值，而不是被嵌套后的合成时间。

注意，当在新的合成中将被嵌套合成图层作为源图层时，获得的时间值为当前合成的时间。

例如，如果源图层是一个被嵌套的合成，并且在当前合成中该源图层已经被修改过，可以使用表达式来获取被嵌套合成"位置"的时间值，其时间值为被嵌套合成的默认时间值，表达式如下所示。

```
Comp("nested composition").layer(1).position
```

如果直接将源图层作为获取时间的依据，则最终获取的时间为当前合成的时间，表达式如下所示。

```
thisComp.layer("nested composition").source.layer(1).position
```

❸ 数组和维数

数组是一种按顺序存储一系列参数的特殊对象，它使用逗号来分隔多个参数列表，并且使用中括号将参数列表首位括起来。

数组概念中的数组维数就是该数组中包含的参数个数，如果某属性含有一个以上对的变量，那么该属性就可以称为数组。After Effects中的属性都具有各自的数组维数，一些常见的属性及其维数见表9-1。

表9-1

维　数	属　性
一维	Rotation° 0；pacity %
二维	Scale[x=width，y=height]；Position[x，y]；Anchor Point[x，y]
三维	三维Scale[width，yeight，depth]；三维Position[x，y，z]；三维Anchor Point[x，y，z]
四维	Color[red，green，blue，alpha]

需要注意的是，诸如位置属性这样的多维数组或者是自定义的数组变量，不需要将它们的名字写在方括号中，AE会将其识别为数组。当要索引阵列或者是描述阵列时，需要使用方括号，如下所示。

[5,15]

"颜色"属性是一个四维的数组[red，rgreen，blue，alpha]，对于一个8比特颜色深度或是16比特颜色深度的项目来说，在"颜色"数组中每个值的范围都在0~1，其中0表示黑色，1表示白色，所以[0,0,0,0]表示黑色，并且是完全不透明，而[1,1,1,1]表示白色，并且完全透明。在32比特颜色深度的项目中，"颜色"数组中值的取值范围可以低于0，也可以高于1。

在使用表达式引用某些属性和方法时，After Efftecs会自动以数组的方式返回其参数值，表达式如下所示。

thisLayer.scale

该语句会自动返回一个二维或三维的数组，具体要看这个图层是二维图层还是三维图层。

对于某"缩放"属性的数组，需要固定其中的一个数值，让另外一个数值随其他属性进行变动，这时可以将表达式书写成以下形式。

Y=thisComp.layer("Layer A").transform.scale[1]
[30,y]

若分别与多个图层创建关联关系，例如，要将当前图层的x轴缩放属性与图层A的x轴缩放属性建立关联关系，还要将当前图层的y轴与图层B的y轴缩放建立关联关系，表达式如下所示。

x=thisComp.layer("Layer A").transform.scale[0];

```
y=thisComp.layer("Layer B").transform.scale[1];
[x,y]
```

某些图层属性只有一个数值，例如"不透明度"属性，而与之建立关联的属性是一个二维或三维的数组，那么就只与一个数值建立关联关系。例如将图层A的"旋转"属性与图层B的"不透明度"属性建立关联关系，表达式如下所示。

```
thisComp.layer("Layer B").transform.opacity
```

如果当前图层有多个属性数值且已经与第一个数值建立了关联关系，且还需要与第二个数值建立关联关系，则可以将"表达式关联器"从图层A的"旋转"属性直接拖拽到图层B的"位置"属性的第二个数值上，而不是拖曳到"位置"属性的名称上，此时在表达式输入框中的表达式如下所示。

```
thisComp.layer("Layer B").transform.position[1]
```

反过来，如果将图层B的"位置"属性与图层A的"旋转"属性建立关联关系，则"位置"属性的表达式将自动创建一个临时变量，将图层A的"旋转"属性的一维数值赋予该变量，然后将该变量同时赋予图层B的"位置"属性的两个值，此时在表达式输入框中的表达式如下所示。

```
temp=thisComp.layer(1).transform.rotation
[temp,temp]
```

❹.向量与索引

在AE中很多的方法都与向量有关，它们被归纳到Vector Math（向量数学）表达式语言菜单中。

向量是既有大小又有方向的数字阵列，其运算结果既考虑到大小，又考虑到方向。

索引从阵列中提取需要的单一元素（使用阵列名加上包含数字的中括号）例如：position[0](使用元素调用元素时，须从0开始记数)。图层、滤镜和遮罩对象的索引与数组值的索引是不同的，它们都是从数字1开始，而数组值的索引是从数字0开始的。

例如，在三维图层的"位置"属性中，通过索引编号可以调用某个具体轴向的数据。

Position[0]表示在x轴位置信息。

Position[1]表示在y轴位置信息。

Position[2]表示在z轴位置信息。

制作"城市放大"效果

本例将综合利用的表达式的添加、表达式关联器的运用以及创建属性关系制作城市在放大镜下的效果。

源文件/第9章	初始文件|放大镜下小城市.aep
	最终文件|放大镜下小城市.aep

步骤01 打开"放大镜下小城市.aep"项目文件，有一张城市晚景图片，单击鼠标右键建立固态层，命名为"放大镜"，如图9-11所示。

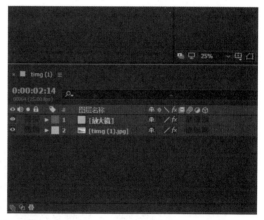

图9-11

步骤02 选中"放大镜"图层，在工具栏中选取椭圆形遮罩工具，按住Shift键拉出一个圆形遮罩，如图9-12所示。

图9-12

步骤03 保持"放大镜"图层的选中状态，单击"效果"菜单项，在弹出的下拉菜单中选择"生成"→"描边"命令。打开"描边"面板，设置"颜色"为紫色，"画笔大小"为20，可以看到放大镜有了镜框，把"放大镜"图层的模式设置为"亮光"，如图9-13所示。

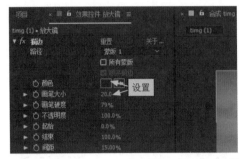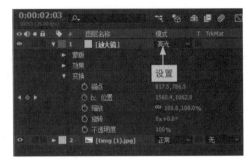

图9-13

步骤04 选中"timg (1).jpg"图层，添加"放大镜"特效，打开"放大"面板，设置"放大率"为250。按住Alt同时右键单击"中心"属性前面的码表，添加一个默认的表达式：effect("放大")(2)。将"中心"属性的表达式拖曳到"放大镜"图层的"位置"属性上去，建立表达式：thisComp.layer("放大镜").transform.position，如图9-14所示。

图9-14

步骤05 给放大镜添加"位置"属性的关键帧，将时间指示器移到第0秒处，设置"数值"为（1506，646.5），将时间指示器移到第1秒17帧处，设置"数值"为（1539.5，1001.5），将时间指示器移到第3秒处，设置"数值"为（1552.5，1183.5），此时可以看到当放大镜移动时城市图层也会跟着被放大，如图9-15所示。

图9-15

表达式的其他应用

知识级别

□初级入门 | □中级提高 | ■高级拓展

知识难度　★★★

学习时长　120 分钟

学习目标

① 掌握表达式与文本和效果的关联。
② 掌握表达式的关闭方法。
③ 了解 JavaScript 的表达式库。

※主要内容※

内　容	难　度	内　容	难　度
表达式与文本和效果的关联	★★	表达式的关闭	★★
JavaScript的表达式库	★★		

效果预览 > > >

9.2.1 表达式与文本和效果的关联

在一些特定的作品中需要不同的效果文字，如Logo、广告和视频片头，如图9-16所示。

图9-16

在AE中，在表达式中使用数学函数、程序和菜单语言可以快捷地实现想要的效果，大大地提高了工作效率，减少了许多琐碎的操作，具体操作步骤如下。

> **知识延伸 | 表达式与关键帧的转换**
>
> 在某些情况下，将表达式转换为关键帧非常有用。例如，如果要冻结表达式中的值，可将表达式转换为关键帧，然后相应地调整关键帧。如果计算表达式需要很长时间，可将其转换为关键帧，以便表达式能够更快速地渲染。当表达式转换为关键帧时，After Effects 会计算表达式，在每个帧创建一个关键帧，然后禁用表达式。

[知识演练] 为文本添加抖动效果

源文件/第9章	初始文件|文字抖动.aep
	最终文件|文字抖动.aep

步骤01 打开"文字抖动.aep"项目文件，有"追逐"和"明天"两个文本图层，一个背景层和一个遮罩层。播放动画，此时可以看到一段文字变化的动画，如图9-17所示。

图9-17

步骤02 新建一个摄像机，打开"变换"面板，设置"位置"为1.2，2.2，-850.4。新建一个空对象，设置与摄像机的父子关系，如图9-18所示。

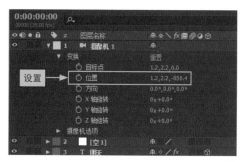

图9-18

步骤03 打开"空1"图层的"变换"面板，按住Alt键的同时右击"位置"前面的码表，然后在表达式窗口输入表达式：wiggle(8,20)，如图9-19所示。按小键盘上的0键，就可以预览抖动文字的效果。

图9-19

9.2.2 表达式的关闭

在表达式的使用中，很多时候都是添加表达式，但也可能会遇到关闭表达式的情况，表达式的关闭有3个方法。

● 方法一：选择需要关闭表达式的动画属性，单击"动画"菜单项，在弹出的下拉菜单中选择"移除表达式"命令，如图9-20所示。

● 方法二：选择需要关闭表达式的动画属性，按Alt+Shift+=组合键。

● 方法三：选择需要关闭表达式的动画属性，按住Alt键的同时右键单击该动画属性前的码表，或使用表达式的开关禁用表达式，如图9-21所示。

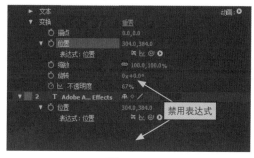

图9-20   图9-21

9.2.3 JavaScript的表达式库

表达式的添加对复杂动画的制作有很重要的作用，有时只需要输入一行表达式就能产生看似很复杂的效果，极大地简化了操作。在After Effect中，系统提供了一个表达式库，该库中内置了许多表达式，不需要手动输入，单击动画属性表达式的三角符号（表达式语言菜单）即可，程序自动弹出表达式语言菜单，如图9-22所示。

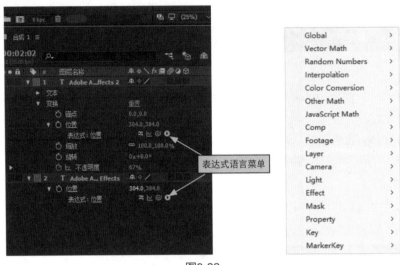

图9-22

表达式语言菜单包括Global（全局）、Vector Math（向量数学）、Random Numbers（随机数）、Interpolation（插值）、Color Conversion（颜色转换）、Other Math（其他数学）、JavaScript Math（脚本方法）、Comp（合成）、Footage（素材）、Layer图层、Camera（摄像机）、Light（灯光）、Effect（滤镜）、Mask（蒙版）、Property（特征）、Key（关键帧）多种表达式，可以根据效果需要添加相关的表达式。

 ## 制作"流动"效果

本例通过制作"流动"效果，说明表达式库的用法。

源文件/第9章	初始文件|流动.aep
	最终文件|流动.aep

步骤01 打开"流动.aep"项目文件，有"方块"和"叶子"两个图层。选中"方块"图层，单击"效果"菜单项，选择"模拟"→CC particle World命令，添加粒子效果，设置特效参数，如图9-23所示。

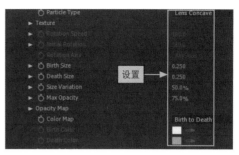

图9-23

步骤02 打开"效果"面板，设置"位置"的关键帧，将时间指示器移到第0秒处，设置"位置"为（512，359.5），将时间指示器移到第2秒处，设置"位置"为（600,400），如图9-24所示。

图9-24

步骤03 按住Alt键，右击"位置"属性前的码表，右边时间轴会出现表达式：transform.position。单击"表达式语言菜单"按钮，选择"Property/loopOutDuration(type = "cycle", duration = 0)"表达式，添加表达式：loopInDuration(type = "cycle", duration = 0)，表示方块的无限循环，如图9-25所示。

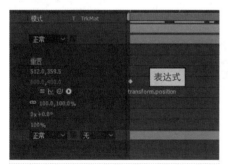
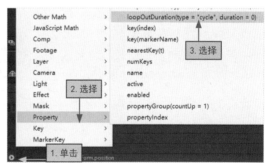

图9-25

步骤04 单击右键新建灯光，按住Alt键，右击"锥形羽化"属性前的码表，在输入框中即可显示表达式：shadowDiffusion，如图9-26所示。

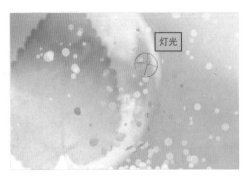

图9-26

步骤05 单击"表达式语言菜单"按钮，选择Light/shadowDiffusion命令，表示返回灯光光锥的羽化百分数。调整灯光的数据，设置"颜色"为淡绿色，"类型"为"聚光灯"，"投影"为打开，如图9-27所示。

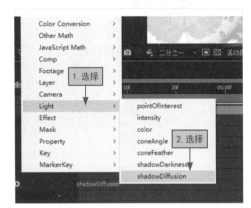
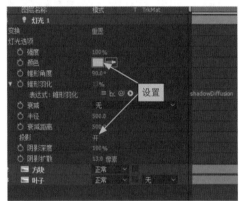

图9-27

步骤06 选中"叶子"图层，打开"变换"面板，设置"缩放"的关键帧。将时间指示器移到第0秒处，设置"缩放"为（240,240）；将时间指示器移到第1秒处，设置"缩放"为（300,300），如图9-28所示。

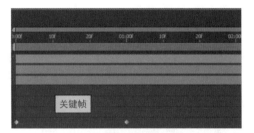

图9-28

步骤07 选中"位置"动画属性，按住Alt键，右击"位置"前的码表，在右边的时间轴输入框输入表达式：wiggle(1,10)，表示为"叶子"图层添加抖动效果，1是每秒抖动1次，10是每次抖动10个像素，如图9-29所示。

图9-29

步骤08 选中"灯光1""方块"和"叶子"3个图层,单击鼠标右键,在弹出的快捷菜单中选择"预合成"命令,合成为"liudong"。新建一个形状图层,单击工具栏中的矩形工具,在弹出的列表中选择星形工具,在预览窗格中拖动鼠标画出星形,如图9-30所示。

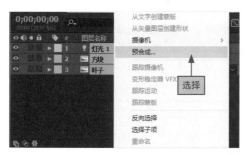 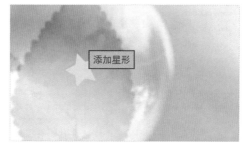

图9-30

步骤09 选中"形状图层1"添加表达式,并复制2个图层移动位置,播放便可看到效果,如图9-31所示。然后选择3个图层执行"预合成"命令,合成"Xing"层完成整个操作。

```
p=10;
f=20;
m=2;
t=0.25;
tantiao=f*Math.cos(p*time);
dijian=1/Math.exp(m*Math.log(time+t));
y=-Math.abs(tantiao*dijian);
position+[0,y]
```

知识延伸 | 上述表达式说明

p表示频率的倍数,控制物体弹跳的频率;f表示幅度的倍数,控制弹跳的高低幅度;m代表的是乘方,控制幂的数值的大小。

图9-31

在上面的案例中主要用到了表达式语言菜单中的Light和Property两个表达式，下面介绍它们的属性及用法。

Light（灯光）主要用于对灯光效果的处理，展开Light子菜单，如图9-32所示，其表达式及含义见表9-2。

pointOfInterest
intensity
color
coneAngle
coneFeather
shadowDarkness
shadowDiffusion

图9-32

表9-2

表 达 式	含 义
pointOfInterest	表示返回灯光在合成中的目标点
intensity	表示返回灯光亮度的百分数
color	表示返回灯光的颜色值
coneAngle	表示返回灯光光锥角度的数值
coneFeather	表示返回灯光光锥的羽化百分数
shadowDarkness	表示返回灯光阴影暗值的百分数
shadowDiffusion	表示返回灯光阴影扩散的像素值

Property主要用于对象的动态效果处理，展开的子菜单如图9-33所示，其表达式及含义见表9-3。

value
valueAtTime(t)
velocity
velocityAtTime(t)
speed
speedAtTime(t)
wiggle(freq, amp, octaves = 1, amp_mult = .5,
temporalWiggle(freq, amp, octaves = 1, amp_r
smooth(width = .2, samples = 5, t = time)
loopIn(type = "cycle", numKeyframes = 0)
loopOut(type = "cycle", numKeyframes = 0)
loopInDuration(type = "cycle", duration = 0)
loopOutDuration(type = "cycle", duration = 0)
key(index)
key(markerName)
nearestKey(t)
numKeys
name
active

图9-33

表9-3

参数名称	含 义
valueAtTime(t)	t表示一个数，返回指定时间（单位为秒）的属性值
velocity	返回当前时间的即时速率
velocityAtTime(t)	t表示一个数，返回指定时间的即时速率
speed AtTime(t)	t表示一个数，返回指定时间的空间速度
wiggle	wiggle主要用于抖动动画
smooth	smooth主要用于对象的平滑
loopOut	loopOut：循环表达式。例如，loopOut(type="cycle",numkeyframes=0)，numkeyframes=0表示循环的次数，0为无限循环，1是只循环一次

第10章

添加与编辑音频
特效

学习目标

After Effects 是处理音频与视频的常用工具，也是After Effects的基本功能，通过对音频进行合成、添加特效等，达到想要的效果。了解添加与编辑音频特效是学习After Effects的基础，本章将具体介绍音频常用特效及其用法。

本章要点

◆ 音频没有声音的解决方法
◆ 了解音频效果
◆ 将音频添加到视频中
◆ 倒放特效
◆ 低音与高音特效
......

LESSON 10.1 在After Effects中使用音频

知识级别

■初级入门 | □中级提高 | □高级拓展

知识难度 ★★

学习时长 80 分钟

学习目标

① 学习音频的添加。
② 学习合成视频与音频。
③ 了解常用音频特效。

※主要内容※

内　　容	难　　度	内　　容	难　　度
音频没有声音的解决方法	★	了解音频效果	★
将音频添加到视频中	★★		

效果预览 > > >

10.1.1 音频没有声音的解决方法

在本书的第一章已经对音频文件的导入、预览以及音频面板的组成进行了介绍，在本节中将具体介绍音频在使用过程中的相关知识，其中音频预览没有声音是最常见的问题。当遇到这种情况时，可以通过以下两种方法来解决。

● **更改默认输出设置：** 一般情况下，更改默认输出设置为"扬声器"即可快速解决音频文件播放没有声音的问题，打开"首选项"对话框，切换到"音频硬件"选项卡，在"默认输出"下拉列表框中选择"扬声器"选项，单击"确定"按钮，如图10-1所示。

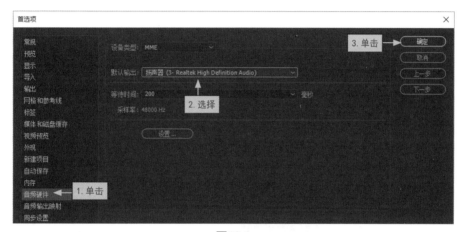

图10-1

● **启用Mercury Transmit：** 如果通过上述操作还是不能输出声音，需在"首选项"对话框中单击"视频预览"选项卡，选中"启用Mercury Transmit"复选框，单击"确定"按钮，启用Mercury Transmit即可解决问题，如图10-2所示。

图10-2

如果通过以上两种方法仍然不能解决问题，可能是音频设备出现故障，可尝试更换设备。

10.1.2 了解音频效果

音频效果简称"音效"，就是指由声音所制造的效果，是指为增强场面的真实感、气氛或戏剧性，而加入声带中的杂音或声音。所谓的声音包括乐音和效果音，具体包括数字音效、环境音效、MP3音效（普通音效、专业音效）。

音效或声效是人工制造或加强的声音，用来增强对电影、电子游戏、音乐或其他媒体的艺术或其他内容的声音处理。

在电影和电视制作中，音效是录制和展示的声音，用于不通过对话或音乐来给出特定的剧情或创意。这个术语经常用来指代用于录制的处理过程，而不用指代该录音本身。音效有样式也是多种多样，如游戏音效、个性音效和数字音效等，在After Effects中，主要的音频效果有12种，如图10-3所示。

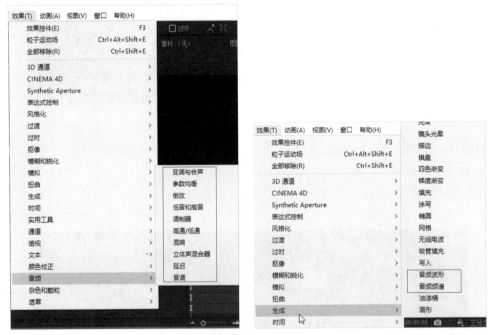

图10-3

10.1.3 将音频添加到视频中

在很多时候需要为视频加一些特殊的音频，以此来为视频增添不一样的色彩。具体操作步骤如下。

[知识演练] 制作草原之声文件

源文件/第10章	视频|草.avi、笛声.mp3
	最终文件|草原之声.aep

步骤01 新建合成1，单击"文件"菜单项，在弹出的下拉菜单中选择"导入"→"文件"命令，选择需要导入的视频和音频，单击"导入"按钮，如图10-4所示。

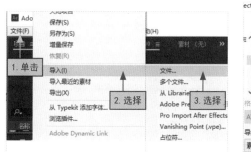

图10-4

步骤02 可以看到在项目栏中有两个文件及其基本信息。把"草.avi"和"笛声.mp3"文件拖曳到"合成"窗口中，如图10-5所示。

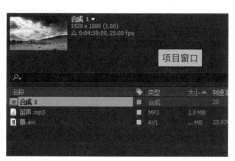

图10-5

步骤03 按小键盘0播放，发现前面没有声音，这是因为音频文件时间过长，前面分贝很小，可选中"笛声.mp3"音轨，当鼠标变为左右箭头时向右拖动，缩短音频的时间，选择合适的时间段。设置完成后再次播放就可以听到声音了，还可以查看其波形图，如图10-6所示。

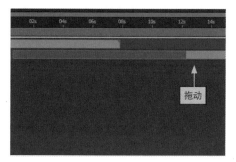

图10-6

LESSON 10.2 常用音频特效

知识级别

□初级入门 | ■中级提高 | □高级拓展

知识难度 ★★★

学习时长 120 分钟

学习目标

① 了解音频。
② 应用音频特效。
③ 学习制作音频效果。

※主要内容※

内 容	难 度	内 容	难 度
倒放特效	★	低音与高音特效	★
延迟特效	★	变调与合成特效	★
高通/低通特效	★	调制器特效	★
参数均衡特效	★★	混响特效	★★
立体声混合器特效	★★	音调特效	★★
音频频谱特效		音频波形特效	

效果预览 > > >

10.2.1 倒放特效

倒放特效用于将音频素材反向播放，即从
最后一帧向第一帧播放，在"时间线"窗口中，
这些帧仍然按原来的顺序排列。该特效只有一个
Swap Channels（通道交换）属性，如图10-7所
示。具体操作步骤如下。

图10-7

[知识演练] 倒放"好听"音频文件

源文件/第10章	视频|好听.mp3
	最终文件|回放.aep

步骤01 新建合成1，单击"文件"菜单项，在弹出的下拉菜单中选择"导入"→"文件"命
令，在打开的"导入文件"对话框中选中"好听.mp3"文件，单击"导入"按钮，即可导入
"项目"窗口，然后拖曳到"合成"窗口，如图10-8所示。

图10-8

步骤02 选中"好听.mp3"素材文件，单击"效果"菜单项，在弹出的下拉菜单中选择"音
频"→"倒放"命令，按小键盘的0键播放，可听到音频的倒放效果，如图10-9所示。

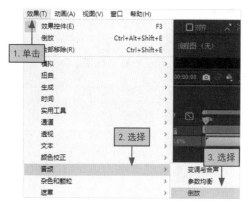
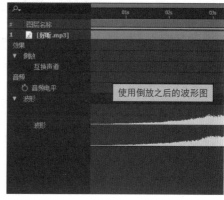

图10-9

10.2.2 低音与高音特效

低音与高音特效用于调整高低音调，其中，低音特效用于升高或降低低音部分，高音特效用于升高或降低高音部分，添加该特效后还可以查看到其对应的高音/低音波形图，如图10-10所示。

图10-10

下面通过具体案例，介绍低音与高音特效的用法。

[知识演练] 为"小溪"音频设置高音与低音

源文件/第10章	视频|小溪.mp3
	最终文件|高音与低音.aep

步骤01 新建合成1，单击"文件"菜单项，在弹出的下拉菜单中选择"导入"→"文件"命令，在打开的"导入文件"对话框中选中"小溪.mp3"文件，单击"导入"按钮，即可导入"项目"窗口，然后拖曳到"合成"窗口，可查看其原始波形图，如图10-11所示。

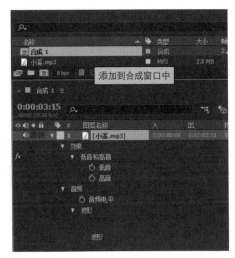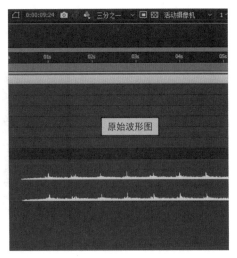

图10-11

步骤02 选中"小溪.mp3"素材文件,单击"效果"菜单项,在弹出的下拉菜单中选择"音频"→"低音和高音"命令,设置其"低音"和"高音"的数值,按小键盘的0键播放查看效果,如图10-12所示。

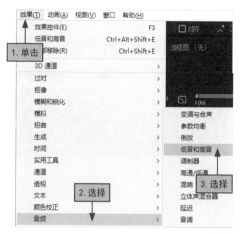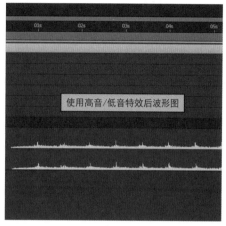

图10-12

10.2.3 延迟特效

延迟特效用于延时效果,可以设置声音在一定时间后重复,通常用来模拟声音被物体反射的效果,其面板如图10-13所示,参数名称及作用见表10-1。

表10-1

参数名称	作　用
延迟时间	延时时间,以毫秒为单位
延迟数量	延时的量
反馈	延迟反馈
干输出	原音输出,表示不经过修饰的声音输出量
湿输出	效果音输出,表示经过修饰的声音输出量

图10-13

下面通过具体案例介绍延迟特效的用法。

[知识演练] 为"激烈"音频文件设置延迟

源文件/第10章	视频|激烈.wav
	最终文件|延迟.aep

步骤01 新建合成1,导入"激烈.wav"素材文件,将其拖曳到"合成"窗口,可查看原始波形图,如图10-14所示。

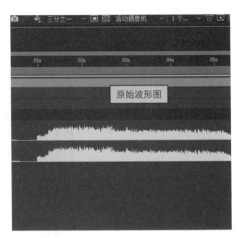

图10-14

步骤02 选中"激烈.wav"素材文件，单击"效果"菜单项，在弹出的下拉菜单中选择"音频"→"延迟"命令，即可为素材文件添加延迟特效，如图10-15所示。

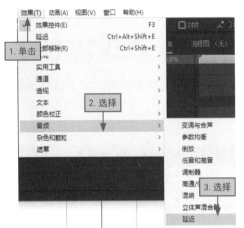
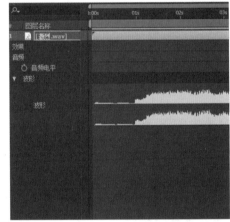

图10-15

步骤03 打开"延迟"面板，设置"延迟量"为100%，"反馈"为60%，"干输出"为50%，"湿输出"为50%。按小键盘的0键播放即可查看效果，如图10-16所示。

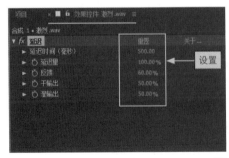

图10-16

10.2.4 变调与合声特效

变调与合特效包括两个独立的音频效果，变调用于设置音频的速度；合声用于设置合声效果，使单个语音或乐器听起来更有深度。其面板如图10-17所示，参数名称及作用见表10-2。

图10-17

表10-2

参数名称	作 用
语音分离时间	用于设置声音分离时间，单位是毫秒。每个分离的声音是原音的延时效果声
语音	用于设置合声的数量
调制速率	用于调整调制速率，以HZ为单位，指定频率调制
调制深度	用于调整调制的深度
语音相变	声音相位变化
干输出	原音输出，表示不经过修饰的声音输出
湿输出	效果音输出，表示经过修饰的声音输出

下面通过具体案例介绍变调与合声特效的用法。

[知识演练] 紧张气氛的变调

源文件/第10章	视频|紧张.mp3
	最终文件|变调与合声.aep

步骤01 新建合成1，导入"紧张.mp3"文件，将其拖曳到"合成"窗口，可查看其原始波形图，如图10-18所示。

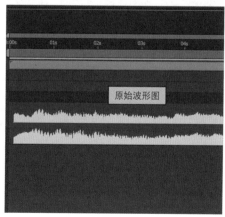

图10-18

步骤02 选中"紧张.mp3"素材文件，单击"效果"菜单项，在弹出的下拉菜单中选择"音频"→"变调与合声"命令，即可为素材文件添加变调与合声特效，如图10-19所示。

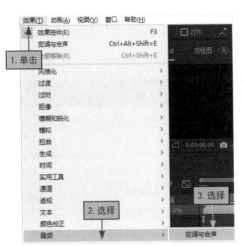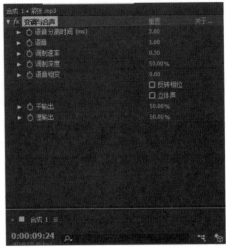

图10-19

步骤03 在打开"变调与合声"面板，设置"语音"为2.0，"干输出"为25%，"湿输出"为75%，"调制速率"为0.4。按小键盘的0键播放，如图10-20所示。

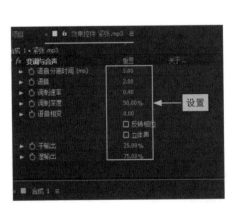

图10-20

10.2.5 高通/低通特效

高通/低通特效应用高/低通滤波器只让高于或低于一个频率的声音通过。其有一个基准频率，在低通滤波器中，叫作截止频率，在高通滤波器中，叫作起始频率。

允许比基准频率低的信号通过的叫作低通滤波器；允许比基准频率高的信号通过的叫作高通滤波器，其面板如图10-21所示，参数名称及作用见表10-3。

图10-21

表10-3

参数名称	作　用
滤镜选项	用于选择应用High Pass高通滤波器和Low Pass低通滤波器
屏蔽频率	用于切除频率
干输出	原音输出，表示不经过修饰的声音输出
湿输出	效果音输出，表示经过修饰的声音输出

下面通过具体案例介绍高通/低通特效的用法。

[知识演练] 控制"震撼"文件的高通与低通

源文件/第10章	视频|震撼.mp3
	最终文件|高通与低通.aep

步骤01 新建合成1，导入"震撼.mp3"文件，将其拖曳到"合成"窗口，可查看其原始波形图，如图10-22所示。

图10-22

步骤02 选中"震撼.mp3"素材文件，单击"效果"菜单项，在弹出的下拉菜单中选择"音频"→"高通/低通"命令，即可为素材文件添加高通/低通特效，如图10-23所示。

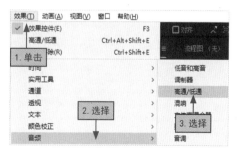

图10-23

步骤03 打开"高通/低通"面板，设置"屏蔽频率"为2500.00，按小键盘的0键播放，如图10-24所示。

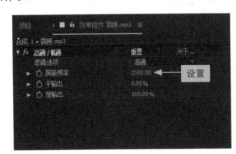

图10-24

10.2.6 调制器特效

调制器特效可以改变声音的变化频率和振幅，其面板如图10-25所示，参数名称及作用见表10-4。

表10-4

参数名称	作 用
调制类型	用于选择颤音类型，Sine为正弦值，Triangle为三角形
调制速率	用于设置速度
调制深度	用于设置调制深度
振幅变调	用于设置振幅

图10-25

下面通过具体案例介绍调节器特效的用法。

[知识演练] 使用调节器调节"运动"音频

源文件/第10章	视频|运动.mp4
	最终文件|调节器.aep

步骤01 新建合成1，导入"运动.mp4"素材文件，将其拖曳到"合成"窗口中，如图10-26所示。

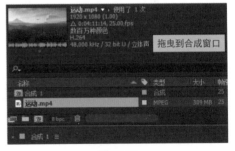

图10-26

步骤02 选中"运动.mp4"素材文件,单击"效果"菜单项,在弹出的下拉菜单中选择"音频"→"调制器"命令,即可为素材文件添加调节器特效,如图10-27所示。

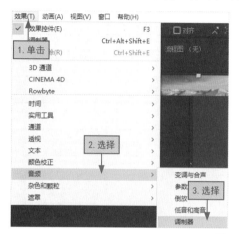

图10-27

步骤03 打开"调制器"面板,设置"调制类型"为正弦,"调制深度"为1%,"振幅变调"为75%,按小键盘的0键播放,如图10-28所示。

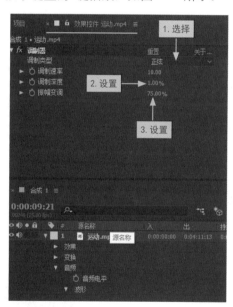

图10-28

10.2.7 参数均衡特效

参数均衡特效可以为音频设置参数均衡器,强化或衰减指定的频率,其面板如图10-29所示,参数名称及作用见表10-5。

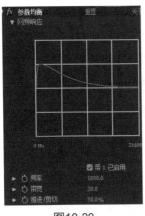

图10-29

表10-5

参数名称	作　　用
网频响应	频率响应曲线，水平方向表示频率范围，垂直表示增益值
应用第1/2/3条参数曲线	最多可以使用3条，用于对下面的相应参数进行调整
频率	用于设置调整的频率点
带宽	用于设置带宽
推进/剪切	用于提升或切除，调整增益值

下面通过具体案例介绍参数均衡特效的用法。

[知识演练] 为"激烈"音频设置参数均衡

源文件/第10章	视频|激烈.wav
	最终文件|参数均衡.aep

步骤01 新建合成1，导入"激烈.wav"文件，将其拖曳到"合成"窗口，可查看原始波形图，如图10-30所示。

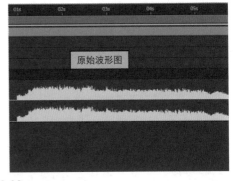

图10-30

步骤02 选中素材文件"激烈.wav"，单击"效果"菜单项，在弹出的下拉菜单中选择"音频"→"参数均衡"命令，即可为素材文件添加参数均衡特效，如图10-31所示。

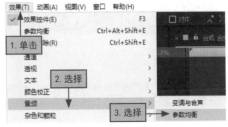

图10-31

步骤03 打开"参数均衡"面板，选中"带1已启用"复选框，设置"频率"为500，"带宽"为1，按小键盘的0键播放，如图10-32所示。

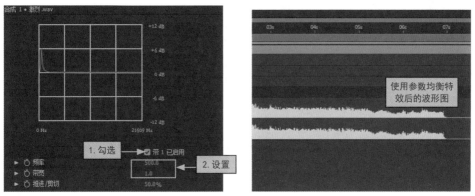

图10-32

10.2.8 混响特效

混响特效可以通过加入随机反射声模拟现场混响效果，其面板如图10-33所示，参数名称以作用见表10-6。

图10-33

表10-6

参数名称	作 用
混响时间	用于设置回音时间，以毫秒为单位
扩散	用于设置扩散量
衰减	衰减度，用于指定效果消失过程的时间
亮度	用于设置声音的明亮度
干输出	原音输出，表示不经过修饰的声音输出
湿输出	效果声输出，表示经过修饰的声音输出

下面通过具体案例介绍混响特效的用法。

[知识演练] 为"打架"音频添加混响

	视频|打架.mp3
源文件/第10章	最终文件|混响.aep

步骤01 新建合成1，导入"打架.mp3"文件，将其拖曳到"合成"窗口，可查看原始波形图，如图10-34所示。

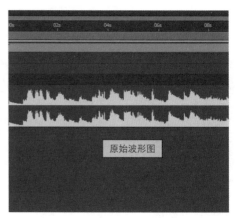

图10-34

步骤02 选中"打架.mp3"素材文件，单击"效果"菜单项，在弹出的下拉菜单中选择"音频"→"混响"命令，即可为素材文件添加混响特效，如图10-35所示。

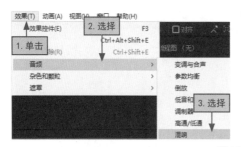

图10-35

步骤03 在"混响"面板中，设置"混响时间（毫秒）"为150，"扩散"为100%，"衰减"为20%，按小键盘的0键播放，如图10-36所示。

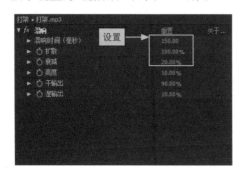

图10-36

10.2.9 立体声混合器特效

立体声混合特效用来模拟左右立体声混音装置。可以对一个层的音频进行音量大小和相位的控制，其面板如图10-37所示，参数名称及作用见表10-7。

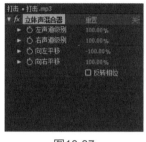

图10-37

表10-7

参数名称	作 用
左声道级别	左声道增益，即音量大小
右声道级别	右声道增益
向左平移	左声道相位，即声音左右定位
向右平移	右声道相位

下面通过具体案例介绍立体声混合器特效的用法。

[知识演练] 使用立体声混合器调节"打击"音频

源文件/第10章	视频|打击.mp3
	最终文件|立体声混合器.aep

步骤01 新建合成1，导入"打击.mp3"文件，将其拖曳到"合成"窗口，可查看原始波形图，如图10-38所示。

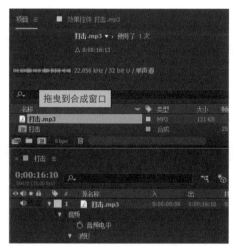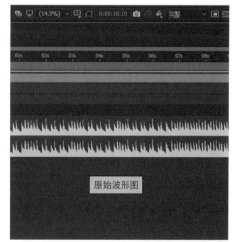

图10-38

步骤02 选中"打击.mp3"素材文件，单击"效果"菜单项，在弹出的下拉菜单中选择"音频"→"立体声混合器"命令，即可为素材文件添加立体声混合器特效，如图10-39所示。

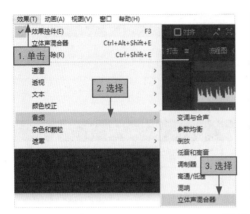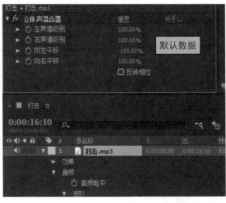

图10-39

步骤03 在"立体声混合器"面板中，设置"右声道级别"为80%，"向右平移"为80%。按小键盘0键播放，如图10-40所示。

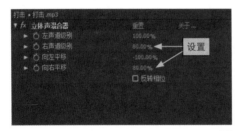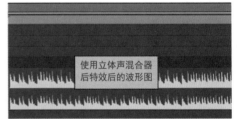

图10-40

10.2.10 音调特效

音调特效用来简单合成固定音调。每种声音文件最多可以增加5个音调产生和弦，其面板如图10-41所示，参数名称及作用见表10-8。

图10-41

表10-8

参数名称	作　　用
波形选项	用于选择波形形状。Sine表示正弦波；Square表示方形波；Triangle表示三角形波；Saw锯子接近方波音调
频率1/2/3/4/5	用于设置5个音调的频率点
级别	用于调整振幅。预览时出现警告声，说明 Level 设置过高

下面通过具体案例介绍音调特效的用法。

[知识演练] 控制"混搭"音频的音调

源文件/第10章	视频|混搭.mp3
	最终文件|音调.aep

步骤01 新建合成1，导入"混搭.mp3"素材文件，将其拖曳到"合成"窗口，可查看原始波形图，如图10-42所示。

图10-42

步骤02 选中"混搭.mp3"素材文件，单击"效果"菜单项，在弹出的下拉菜单中选择"音频"→"音调"命令，即可为素材文件添加音调特效，如图10-43所示。

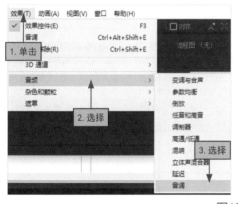

图10-43

步骤03 打开"音调"面板，选择"正弦"波形。设置"频率1"为400，"级别"为10%。按小键盘的0键播放，如图10-44所示。

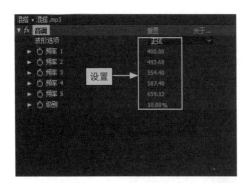
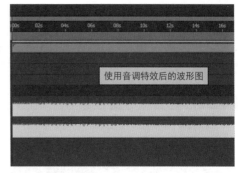

图10-44

10.2.11 音频频谱特效

音频频谱是除了以上10种之外的内置
特效之一，它可以增强音乐的感染力和画面
的表现力。单击"效果"菜单项，在弹出的
下拉菜单中选择"生成"→"音频频谱"命
令，其面板如图10-45所示，参数名称及作
用见表10-9。

图10-45

表10-9

参数名称	作　用	参数名称	作　用
音频层	用于选择合成中的音频参考层	起始/结束点	用于设置声音波形的开始/结束位置
路径	使用钢笔工具自定义一个路径，波形图像沿路径变化	起始频率	用于设置参考的最低音频频率
结束频率	用于设置参考的最高音频频率	最大高度	用于设置频谱显示的振幅
音频持续时间	用于设置波形保持的时长	色相插值	用于设置颜色的插值
音频偏移	用于设置波形的位移	动态色相	用于设置颜色的相位变化效果
柔和度	用于设置波形边缘的柔化程度	颜色对称	用于设置颜色的对称效果
内部/外部颜色	用于设置波形图像中间/边缘的颜色	显示选项	用于选择波形图像的显示效果
在原始图像上合成	用于与当前的图层合成	持续时间平均化	用于将波形图像进行平均化显示
面选项	用于设置波形图像的边缘		

10.2.12 音频波形特效

音频波形特效可以产生声音的波形显示效果。单击"效果"菜单项，在弹出的下拉菜单中选择"生成"→"音频波形"命令，其面板如图10-46所示，参数名称及作用见表10-10。

图10-46

表10-10

参数名称	作　用	参数名称	作　用
音频层	用于选择合成中的音频参考层	起始/结束点	声音波形的开始/结束位置
路径	使用钢笔工具自定义一个路径，波形图像沿路径变化	显示的范例	用于设置音乐波形显示的振幅
音频持续时间	用于设置波形保持的时长	最大高度	用于设置波形显示的振幅
音频偏移	用于设置波形的位移	厚度	用于设置波形的宽度
柔和度	用于设置波形边缘的柔化程度	随机植入	用于设置波形的随机
内部/外部颜色	用于设置波形图像中间/边缘的颜色	显示选项	选择波形图像的显示效果
波形选项	用于波形的声道控制		
在原始图像上合成	与当前的图层合成		

实战应用 **制作歌曲播放界面**

本例将通过制作歌曲播放界面，说明常用音频特效的用法。

源文件/第10章	初始文件|古风听歌.aep
	最终文件|古风听歌.aep

步骤01 打开"古风听歌.aep"项目文件，可以看到"合成"窗口中有"古.jpg""界面.png"和"洞萧曲.mp3"3个素材文件，如图10-47所示。

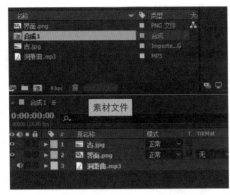

图10-47

步骤02 调整图层位置关系，把"界面.png"图层放在"古.jpg"图层上面。选中"界面.jpg"层，使用椭圆工具，按住Shift键不放向下拖动，做一个蒙版效果，如图10-48所示。

图10-48

步骤03 打开其面板，设置"锚点"为（320,217.5），使中心点在图层的中心，"缩放"为90%，如图10-49所示。

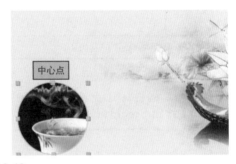

图10-49

步骤04 新建固态层，命名为"旋律"，单击"效果"菜单项，选择"生成"→"音频波形"命令，添加波形起伏特效，如图10-50所示。

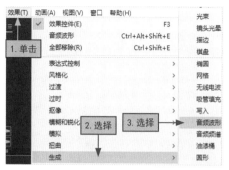

图10-50

步骤05 在"音频波形"面板中设置"音频层"为"洞萧曲.mp3"，设置"最大高度"为500，"内部颜色"为黄色，"外部颜色"为橘红色，"音频持续时间"为150，设置完成后会出现黄色的波形图，如图10-51所示。

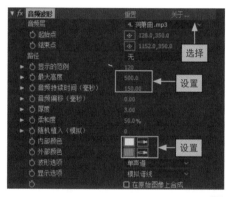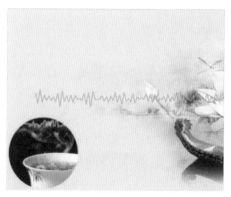

图10-51

步骤06 调整"旋律"层的位置，选中"洞萧曲.mp3"层，单击"效果"菜单项，在弹出的下拉菜单中选择"音频"→"延迟"命令，添加延迟特效。设置"延迟时间"为400，如图10-52所示。

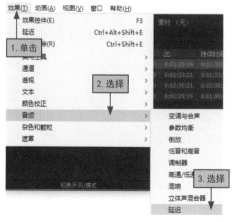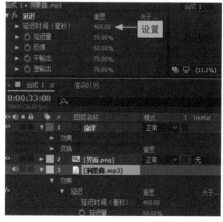

图10-52

步骤07 选中"界面.png"层，打开"变换"面板，设置旋转的关键帧。将时间指示器移到第0秒处，数值设为0×0°，将时间指示器移到第1分30秒处，数值设为10×0°，设置"缩放"为90%，调整布局，即可完成案例的制作，如图10-53所示。

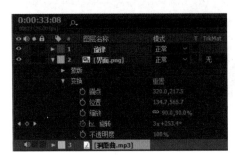

图10-53

第11章

影片的渲染
与输出

学习目标

在后期制作中，有时需要进行各种测试渲染，然后渲染输出；有时需要对一些嵌套合成层预先进行渲染，然后将渲染的影片导入合成项目中，进行其他的合成操作；有时只需要渲染动画中一个单帧。本章就讲解渲染与输出影片的相关内容。

本章要点

◆ 压缩与解压缩
◆ 输出影片的操作
◆ 了解影片的输出格式
◆ 渲染的设置
◆ 输出模式的设置
⋯⋯

LESSON 11.1 渲染输出的基础知识

知识级别

■初级入门 | □中级提高 | □高级拓展

知识难度 ★★

学习时长 40分钟

学习目标

① 学习压缩和解压缩的应用。
② 学习能够输出影片。
③ 了解影片的输出格式。

※主要内容※

内 容	难 度	内 容	难 度
压缩和解压缩	★	输出影片的操作	★
了解影片的输出格式	★		

效果预览＞＞＞

11.1.1 压缩与解压缩

完全不压缩的视频和音频文件是非常庞大的，因此在输出时需要通过特定的压缩技术
对文件进行压缩处理，以便于传输和存储。这样就产生了输出时选择恰当的编码器，播放
时使用同样的解码器进行解压还原画面的过程。

在AE中压缩文件，可以在OutPut Module Settings的编码格式栏选择FLV&F4V（CS4原
生支持）或QuickTime Movie的H.264格式，这些压缩编码格式可以使输出的文件很小，但
视频质量很清晰，如图11-1所示。

图11-1

从网上下载的素材文件往往也是打包的，而AE是无法识别打包文件的，必须要解压后
才能识别文件。下载压缩文件后，需用压缩软件（如WinRAR）解压缩。解压后的视频文
件，需要弄清楚是什么格式类型的文件（如RMVB、AVI、FLV等），然后确定用户的系
统中是否有相应的解码程序。有些特殊的视频格式（比如许多教学演示视频）采用了特殊
的编码程序，此时必须安装特殊解码才能正常观看和使用。

11.1.2 输出影片的操作

当一部影片的特效、灯光和动画等都完成后就需要对其进行输出。输出影片是影片
合成的最后一道工序，影响着影片质量。单击"合成"菜单项，在弹出的下拉菜单中选择
"添加到渲染队列"命令，在打开的"渲染队列"对话框中设置参数，最后进行渲染保存
即可，如图11-2所示。

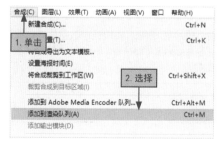

图11-2

除了运用"添加到渲染队列"设置参数输出影片外，还可以安装Adobe Media Encoder输出影片，安装完成后，单击"合成"菜单项，在弹出的下拉菜单中选择"添加到Adobe Media Encoder队列"命令，设置参数即可输出影片。

11.1.3 了解影片的输出格式

　　After Effects输出格式分为三类：纯音频，常用的有WAV、MP3等格式；序列帧（只用视频部分），常用的有TGA序列、Tiff序列、PNG序列等格式；既有音频有视频，常用的有MOV（Quicktime）、WMV、MPG等格式，如图11-3所示，其格式及用法见表11-1。

AIFF
AVI
"DPX/Cineon"序列
"IFF"序列
"JPEG"序列
MP3
"OpenEXR"序列
"PNG"序列
"Photoshop"序列
QuickTime
"Radiance"序列
"SGI"序列
"TIFF"序列
"Targa"序列
WAV
AME 中的更多格式

图11-3

表11-1

格　式	用　法
AIFF	音频交换文件格式（Audio Interchange File Format）的英文缩写，是一种文件格式存储的数字音频（波形）数据，AIFF用于个人电脑及其他电子音响设备以存储音乐数据。AIFF支持ACE2、ACE8、MAC3和MAC6压缩，支持16位44.1kHz立体声
AVI	全称为Audio Video Interleaved，即音频视频交错格式。是将语音和影像同步组合在一起的文件格式。它对视频文件采用了一种有损压缩方式，但压缩比较高，因此尽管画面质量不是太好，但其应用范围仍然非常广泛。AVI支持256色和RLE压缩。AVI信息主要应用在多媒体光盘上，用来保存电视、电影等各种影像信息
"DPX/Cineon"序列	柯达公司开发的，是一种使用于电子复合、操纵和增强的10位通道数字格式，此格式可以在不损失图像品质的前提下输出回胶片，在Cineon Digital Film System中使用，其将源于胶片的图像转换为Cineon格式，再输出回胶片
"IFF"序列	IFF是Amiga等超级图形处理平台上使用的一种图形文件格式

续表

格　式	用　法
"JPEG"序列	主要用于图片文件
Mp3	主要用于音频文件
"PNG"序列	可移植网络图形格式的英文缩写PNG，其目的是试图替代GIF和TIFF文件格式，同时增加一些GIF文件格式所不具备的特性。是一种位图文件（bitmap file）存储格式，读成"ping"。PNG用来存储灰度图像时，灰度图像的深度可多到16位，存储彩色图像时，彩色图像的深度可多到48位，并且还可存储多到16位的α通道数据。PNG使用从LZ77派生的无损数据压缩算法
QuickTime	是一款拥有强大的多媒体技术的内置媒体播放器，可用各式文件格式观看互联网视频、高清电影预告片和个人媒体作品。QuickTime不仅是一个媒体播放器，而且是一个完整的多媒体架构，可以用来进行多种媒体的创建、生产和分发，并为这一过程提供端到端的支持：媒体的实时捕捉，以编程的方式合成媒体，导入和导出现有的媒体
Tiff	一种比较灵活的图像格式，支持256色、24位真彩色、32位色、48位色等多种色彩位，同时支持RGB、CMYK以及YCBCR等多种色彩模式，支持多平台，文件体积大，信息量也比较多
TGA	Truevision公司推出的格式，属于一种图形、影片数据通用格式，大部分文件为24位或32位真色彩，它是专门捕获电视影片所设计的一种格式，按行存储和进行行压缩，是把电脑产生的高质量影片向电视转换的首选格式
WAV	微软公司开发的一种声音文件格式，它符合RIFF（Resource Interchange File Format）文件规范，用于保存Windows平台的音频信息资源，被Windows平台及其应用程序所广泛支持，该格式也支持MSADPCM、CCITTALAW等多种压缩运算法
MPEG	活动图像专家组（Moving Picture Experts Group）的缩写，于1988年成立。目前MPEG已颁布了3个活动图像及声音编码的正式国际标准，分别称为MPEG-1、MPEG-2和MPEG-4，而MPEG-7和MPEG-21都还在研究中
H.264	同时也是MPEG-4第十部分，是由ITU-T视频编码专家组（VCEG）和ISO/IEC动态图像专家组（MPEG）联合组成的联合视频组（JVT，Joint Video Team）提出的高度压缩数字视频编码标准。这个标准通常被称之为H.264/AVC（或者AVC/H.264或者H.264/MPEG-4 AVC或MPEG-4/H.264 AVC）该标准最早来自ITU-T的称之为H.26L的项目的开发
Radiance 序列	主要用于图像序列文件。
SGI序列	主要用于图像序列文件。

LESSON 11.2 渲染属性设置与应用

知识级别

■初级入门 | □中级提高 | □高级拓展

知识难度 ★★

学习时长 90 分钟

学习目标

① 了解渲染属性设置。
② 学习输出 Flash 文件。
③ 能够设置自定义渲染模板。

※主要内容※

内　容	难　度	内　容	难　度
渲染的设置	★	输出模式的设置	★
渲染音频	★	查看合成的Alpha通道	★
输出Flash文件	★★	自定义渲染模板设置	★★

效果预览 > > >

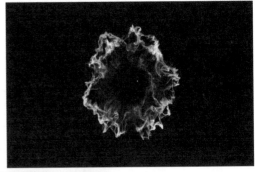

11.2.1　渲染的设置

在After Effects中打开渲染窗口可以看到其属性和参数设置，主要分为三大部分，如图11-4所示。

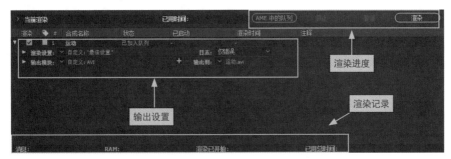

图11-4

其中，"输出设置"分为渲染设置、输出模块、日志以及输出位置4部分。渲染设置又分为"最佳设置""DV设置""多机设置""当前设置""草图设置""自定义"和"创建模板"7种类型。一般情况下默认为"最佳设置"，点开"渲染设置"左边的小三角可查看文件的渲染信息，如图11-5所示。

图11-5

选择"最佳设置"可打开渲染设置，其主要分为"合成运动""时间采样"和"选项"三大部分，一般"选项"不会用到。

"合成运动"主要是对影片品质、分辨率、质量以及渲染效果等进行设置，如图11-6所示，其参数名称及作用见11-2。

图11-6

表11-2

参数名称	作　　用	参数名称	作　　用
品质	影片的质量，一般选择最佳	使用代理	决定是否使用代理
分辨率	影片的分辨率，一般选完整	效果	决定渲染时是否渲染特效
磁盘缓存	一般默认使用只读	颜色深度	默认使用影片的颜色深度

"时间采样"主要是对影片的时间、帧速相关的设置，如图11-7所示，参数名称及作用见表11-3。

图11-7

表11-3

参数名称	作　用	参数名称	作　用
帧混合	决定影片的帧融合设置	时间跨度	决定渲染合成图像的内容
场渲染	决定渲染合成图像时是否使用场渲染技术	帧速率	决定渲染影片的帧速率
3:2 Pulldown	决定3：2下拉的引导相位	自定义	设置自定义时间
运动模糊	选择"对选中图层打开"选项，仅对在时间线窗口中使用运动模糊的层进行运动模糊处理		

11.2.2　输出模式的设置

在AE中，针对影片输出、单帧输出、内存预览及预渲染分别设置了各种输出模式，可在下拉菜单中改变这些默认设置。默认情况下为"无损"模式，设置"输出模块"为"无损"，在打开的"输出模块设置"对话中单击"主要选项"选项卡，即可设置具体参数，如图11-8所示。

图11-8

"主要选项"包括格式、视频输出和音频输出三大部分，其中音频只需打开即可。视频输出又可分为通道和颜色、调整大小以及裁剪三部分。

❶格式

格式主要是对影片的"格式"和"渲染后动作"进行设置。后者指设置渲染后的下一步工作，包括"无""导入""导入和替换用法"以及"设置代理"4个选项，如图11-9所示。

图11-9

②视频输入

选中"视频输出"前面的复选框即可设置其通道、深度以及颜色，如图11-10所示，参数名称及作用见表11-4。

图11-10

表11-4

参数名称	作　用
通道	用于只输出颜色通道或者Alpha通道，或者两者都输出
深度	用于设置颜色深度，颜色数越多，色彩越丰富，生成的文件尺寸也越大
颜色	用于控制透明信息是否存在于颜色通道内

选中"调整大小"前面的复选框便可对影片进行调整，设置大小尺寸、品质。选中"裁剪"前面的复选框便可对影片图像进行裁剪，设置需要的效果。还可以进行自定义其尺寸大小以及裁剪之后的尺寸、裁剪的位置，如图11-11所示。

图11-11

③音频输出

音频输出主要是对影片的声音进行设置，包含打开音频输出、自动音频输出和关闭音频输出3个选项。选择打开音频输出时，即可输出影片的音频，如果合成中没有音频，将输出静音音频轨道；选择自动音频输出选项时，只有当合成中包含有音频时才会输出音频；选择关闭音频输出时，则不会输出音频。

AE在渲染的同时可以生成一个文本样式（TXT）的日志文件，该文件可以记录渲染错误的原因及其他信息，用户可以在渲染信息窗口中看到保存该文件的路径信息。

AE可以为同一个合成项目输出多个不同的版本，比如同时输出影片和它的Alpha通道、解析度以及尺寸。当需要对合成项目采用多种输出格式时，单击"输出到"前面的加号便可添加"输出模块"，如图11-12所示。

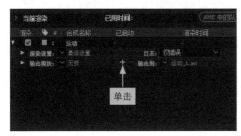

图11-12

11.2.3 渲染音频

音频的渲染只需在渲染窗口下的"输出模块"对话框中取消勾选"视频输出"复选框，把音频设置为"打开音频输出"模式即可。具体操作步骤如下。

[知识演练] 输出"激情"音频

源文件/第10章	初始文件|激情的音乐.aep
	最终文件|激情的音乐.mp3

步骤01 打开"激情的音乐.aep"项目文件，有一个"激情.mp3"音频素材文件。选中文件，单击"合成"菜单项，在弹出的下拉菜单中选择"添加到渲染队列"命令，打开"渲染"面板，如图11-13所示。

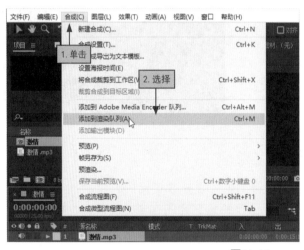

图11-13

步骤02 单击"渲染设置"选项右侧的"最佳设置"值打开"渲染设置"对话框，在其中可以对渲染参数进行设置，这里保持默认参数不变，如图11-14所示。

图11-14

步骤03 单击"输出模块"选项右侧的"无损"值打开"输出模块设置"对话框，在其中可以对渲染参数进行设置，在"主要选项"选项卡中取消勾选"视频输出"复选框，设置格式为mp3格式，将音频设置为"打开音频输出"模式，单击"确定"按钮。单击"渲染"窗口的"渲染"按钮，完成音频输出，查看输出的音频文件，如图11-15所示。

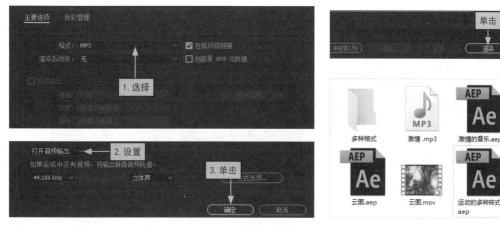

图11-15

11.2.4 查看合成的Alpha通道

Alpha通道是一个8位的灰度通道，用256级灰度来记录图像的透明度信息，包括透明区域（黑色非选取区）、不透明区域（白色完全选取区）和半透明区域（灰色半选取区）。Alpha通道可以用来储存选区，指示透明区域。

彩色深度标准及说明见表11-5。

表11-5

标　准	说　明
8位色	6位彩色，每个像素所能显示的彩色数为2的16次方，即65536种颜色
16位增强色	每个像素所能显示的彩色数为24位，即2的24次方，大约1680万种颜色
32位真彩色	在24位真彩色图像的基础上再增加一个表示图像透明度信息的Alpha通道

在图像处理中，Alpha用来衡量一个像素或图像的透明度。

在非压缩的32位RGB图像中，每个像素由四个部分组成：一个Alpha通道和三个颜色分量(R、G、B)。当Alpha值为0时，该像素完全透明；当Alpha值为255时，则该像素完全不透明。

Alpha混色是将源像素和背景像素的颜色进行混合，最终显示的颜色取决于其RGB颜色分量和Alpha值。它们之间的关系可用下列公式来表示：

显示颜色＝源像素颜色×alpha / 255 + 背景颜色×(255–alpha) / 255

Color类定义了RGB颜色数据类型，从而可以通过调整Alpha值来改变线条、图像等与背景色混合后的实际效果。

在After Effects中查看文件是否具有Alpha通道，可将文件添加到"合成"窗口，打开"透明网格"查看能否显示透明网格，如果能，便可确定是否具有Alpha通道，如图11-16所示。

图11-16

11.2.5 输出Flash文件

Flash是近几年兴起的网络动画，它以制作简单、文件小等特点被许多电脑动画爱好者所喜爱。但由于自身特点，后期软件对其支持很少，所以Flash一直少被大众所知晓。而After Effects 5.0则增加了对Flash的后期合成功能，因此可以制作出具有电影般震撼力的Flash动画，那么在After Effects如何输出Flash文件呢，下面通过具体的案例来介绍它的用法。

[知识演练] 输出"云图"Flash动画

源文件/第11章	初始文件|云图.aep
	最终文件|云图.mov

步骤01 打开"云图.aep"项目文件，可以看到"项目"窗口中包含一个从Flash中做好导出的"PNG 序列"文件和一个音频文件。单击"合成"菜单项，在弹出的下拉菜单中选择"添加到渲染队列"命令，如图11-17所示。

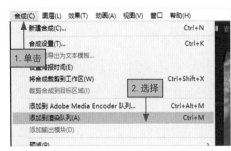

图11-17

步骤02 打开渲染面板，单击"最佳设置"，打开"渲染设置"对话框，"品质"设置为"最佳"，"分辨率"设置为"完整"，单击"确定"按钮，如图11-18。

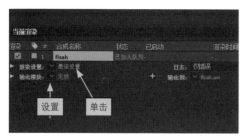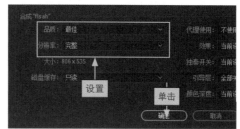

图11-18

步骤03 在返回的面板中可查看"渲染设置"属性右侧变为"自定义：最佳设置"，单击输出模块的"无损"值，打开"输出模块设置"对话框，在"格式"下拉列表框中选择QuickTime选项，也可以根据实际需要设置其他格式，如图11-19所示。

图11-19

步骤04 在"输出模块设置"对话框中，设置"音频"为"打开音频输出"，单击"确定"按钮，"输出模块"显示为"自定义：QuickTime"，如图11-20所示。

图11-20

步骤05 在"渲染队列"窗口中，单击"输出到"对应的值，在打开的对话框中选择保存的位置，命名为"云图.mov"，单击"保存"按钮。设置完成后，返回"渲染"面板，单击"渲染"按钮，即可导出视频，如图11-21所示。

图11-21

11.2.6 自定义渲染模板设置

After Effects自带的渲染模板设置可能不是用户想要的样式，这时可根据需要创建自定义渲染模板，具体操作步骤如下。

[知识演练] 创建自定义渲染模板

步骤01 打开渲染队列窗口，单击"渲染设置"的下拉按钮，在弹出的下拉菜单中选择"创建模板"命令，如图11-22所示。

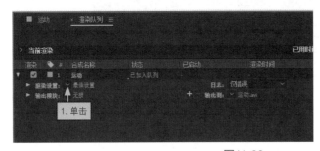

图11-22

步骤02 打开"渲染设置模板"对话框，在"设置名称"文本框中输入"模板01"，单击"编辑"按钮，在打开的对话中设置模板的品质、分辨率等，如图11-24所示。

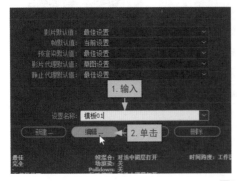

图11-23

步骤03 用同样的方式在输出模块下创建"模板01"模板，单击"编辑"按钮，在打开的对话框中设置格式、通道以及颜色等，如图11-24所示。

图11-24

步骤04 单击"输出到"的值，在打开的对话框中设置保存位置，查看模板信息，也可以在"模式"窗口中直接查看新建的"模板01"，如图11-25所示。

图11-25

知识延伸 | After Effects和Web的结合应用

在许多领域都可以看到After Effects与Web的相互应用。Web非常流行的一个很重要原因就在于它可以在一页上同时显示色彩丰富的图形和文本的性能。在Web之前，Internet上的信息只有文本形式，而Web具有将图形、音频、视频信息集合于一体的特性。After Effects则是通过对图形、音频和视频等进行合成处理的一款应用软件，因此两者之间的关系必然是密不可分的，如图11-26所示。

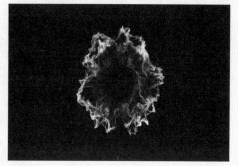

图11-26

LESSON 11.3 多种格式渲染和单帧图像渲染

知识级别

□初级入门 | ■中级提高 | □高级拓展

知识难度 ★★

学习时长 60 分钟

学习目标

① 学习渲染一个合成为多种格式的方法。
② 学习输出单帧图像。
③ 学习应用渲染合成。

※主要内容※

内　容	难　度	内　容	难　度
渲染一个任务为多种格式的方法	★★	输出单帧图像	★

效果预览 > > >

11.3.1 渲染一个任务为多种格式的方法

AE中既可以渲染不同格式的视频文件，也可以渲染序列帧和单帧图像。在遇到不知道
选择什么格式的渲染视频时，还可渲染多种格式进行比较，从中选择合适的文件格式，具
体操作步骤如下。

[知识演练] "运动"的多种样式

源文件/第11章	初始文件|运动的多种样式.aep
	最终文件|多种格式

步骤01 打开"运动的多种样式.aep"项目文件，可以看到"合成"窗口只有一个完成好的视频文
件，单击"合成"菜单项，选择"添加到渲染队列"命令，打开"渲染队列"窗口，11-27所示。

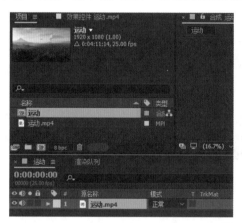

图11-27

步骤02 在"渲染队列"窗口，单击"输出到"前的加号，添加输出模块。如果需要渲染3种格
式就只需添加两个即可，如图11-28所示。

步骤03 设置"输出模块"为"无损"，在打开的对话框中设置格式为"AVI"，如图11-29
所示。

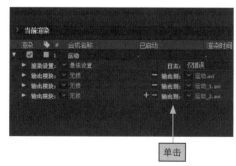

图11-28　　　　　　　　　　　　　　　图11-29

步骤04 依次设置第二个、第三个的渲染"格式"为WAV和QuickTime，3个"输出模块"音频统一设置为"打开音频输出"，其视频文件命名为"运动.avi""运动_1.wav"和"运动_2.mov"，如图11-30所示。

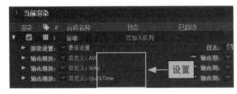

图11-30

步骤05 单击"渲染设置"右侧的"最佳设置"值，在打开的对话框中设置"品质"为"最佳"、"分辨率"为"完整"，单击"确定"按钮。完成这些设置后单击"渲染队列"窗口的"渲染"按钮即可进行渲染，完成后可查看视频文件，如图11-31所示。

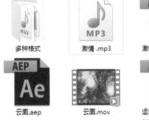

图11-31

11.3.2 输出单帧图像

输出单帧图像只需将时间指示器移动到需要输出的当前帧，单击"合成"菜单项，在弹出的下拉菜单中选择"帧另存为（S）"命令即可输出该图像的PSD格式，如图11-32所示。在影片中看到的每处关键帧也可以导出，如图11-33所示。

图11-32

图11-33

第12章

实战综合
案例应用

 学习目标

前面11章讲述了After Effects CC特效设计与制作的基本功能以及一些简单操作，本章将通过几个较为复杂的案例来综合使用前面学习的特效设计。

 本章要点

◆ 制作冬去春来季节变换效果
◆ 制作下雨天的古亭效果
◆ 制作城市烟花绽放效果

LESSON 12.1 制作冬去春来季节变换效果

案例描述

冬去春来，季节变换。有时会遇到在夏天拍摄视频但需要冬春季节的效果，这时就需要通过后期制作来实现。本例将综合利用图层样式、过渡滤镜等来实现季节变换效果。

制作思路

① 建立合成导入素材。
② 制作文字效果。
③ 过渡效果制作。
④ 合成变换效果。

案例难度 ★★★

制作时长 45 分钟

案例效果 > > >

▲初始效果

▼最终效果

	视频|配音.mp3
源文件/第12章	图片|雪景.jpg、春来.jpg
	最终文件|冬去春来.avi

12.1.1 建立合成导入素材

在本例的制作过程中，将素材中的"雪景.jpg""春来.jpg"图片导入原有的合成中，完成案例的第一步操作，具体操作步骤如下。

步骤01 新建"冬去春来"项目，导入"雪景""春来"素材文件，新建"文字"合成，将两个素材文件拖曳到合成窗口，如图12-1（a）所示。

步骤02 新建两个文本层，分别输入"冬去春来""Winter to Spring"文字，并调整其大小，效果如图12-1（b）所示。

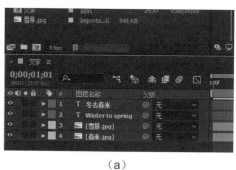
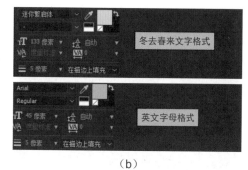

（a） （b）

图12-1

12.1.2 制作文字效果

为了让文字达到更好地显示效果，下面通过调节图层样式的参数值来实现，具体操作步骤如下。

步骤01 双击打开"文字"合成，选中"冬去春来"图层，单击"图层"菜单项，在弹出的下拉菜单中选择"图层样式"→"渐变叠加"命令，打开"效果控件"面板，设置"角度"为$0\times90°$，单击"颜色"属性后的"编辑渐变"，在打开的"渐变编辑器"对话框中设置颜色值，如图12-2所示。

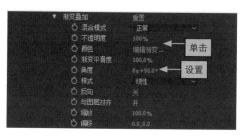

图12-2

步骤02 保持"冬去春来"图层选中状态。单击"图层"菜单项，在弹出的下拉菜单中选择"图层样式"→"斜面和浮雕"命令，打开"斜面和浮雕"面板，设置"角度"为0×90°，"大小"为0，如图12-3所示。

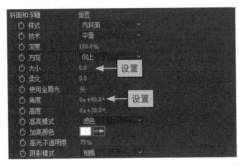

图12-3

步骤03 保持"冬去春来"图层的选中状态，单击"图层"菜单项，在弹出的下拉菜单中选择"图层样式"→"投影"命令，打开"效果控件"面板，设置"角度"为0×61°，"大小"为1，"距离"为2，"不透明度"为5%，如图12-4所示。

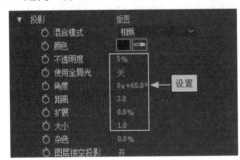

图12-4

步骤04 在"冬去春来"图层中选择其"图层样式"属性，按Ctrl+C组合键复制，选中Winter to spring图层，按Ctrl+V组合键粘贴效果，如图12-5所示。

图12-5

步骤05 打开Winter to spring图层，选中图层样式中的"渐变叠加"效果，单击"颜色"属性后的"编辑渐变"，在打开的"渐变编辑器"对话框中设置色值，如图12-6所示。

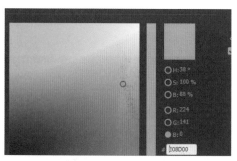

图12-6

步骤06 在合成中将"雪景"图层的入点改为0秒，出点设置为4秒。将"春来"图层入点改为2秒09帧，出点设置为5秒，如图12-7所示。

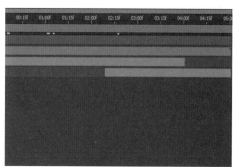

图12-7

12.1.3 过渡效果制作

下面通过利用过渡滤镜为图片添加切换效果，实现冬春季节交替的变化效果。具体操作步骤如下。

步骤01 选中"雪景"图层，单击"效果"菜单项，在弹出的下拉菜单中选择"过渡"→"渐变擦除"命令，打开"效果控件"面板，将时间指示器移动到第2秒处，设置"过渡完成"为0%，并记录其关键帧；将时间指示器移动到第4秒处，设置"过渡完成"为100%，并记录其关键帧，如图12-8所示。

图12-8

步骤02 新建固态层，将其命名为"光晕"，选中"光晕"图层，单击"效果"菜单项，在弹出的下拉菜单中选择"生成"→"镜头光晕"命令，如图12-9所示。

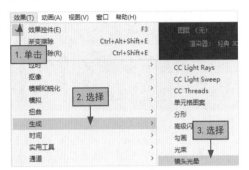

图12-9

步骤03 在"效果控件"面板中，设置"与原始图像混合"为30%，将时间指示器移到第0秒处，设置"光晕中心"为（87，163.6），并记录其关键帧；将时间指示器移到第2秒19帧处，设置"光晕中心"为（762，163.6），并记录其关键帧，如图12-10所示。

图12-10

步骤04 将时间指示器移到第0秒处，设置"光晕亮度"为100，并记录其关键帧；将时间指示器移到第2秒9帧处，设置"光晕亮度"为160，并记录其关键帧，如图12-11所示。

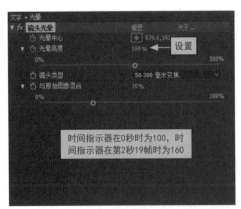

图12-11

12.1.4 合成变换效果

完成了文字效果的设置以及季节变化的过渡效果设置后，就需要导入音频文件，渲染输出将项目合成为最终效果。具体操作步骤如下。

步骤01 将第一层的"文字"重命名为"合成1"，区分两个合成。导入音频素材，选中合成1，单击"合成"菜单项，选择"添加到渲染队列"命令，如图12-12所示。

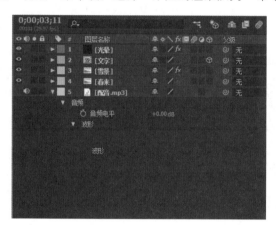

图12-12

步骤02 单击"输出模块"选项右侧的"无损"参数选项，在打开的对话框中设置"打开音频输出"，其余设置均为默认设置，如图12-13所示。

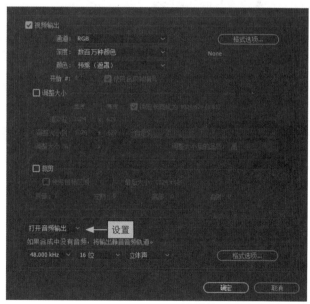

图12-13

步骤03 单击"渲染设置"选项右侧的"最佳设置"参数选项，在打开的对话框中均保持默认设置，如图12-14所示。

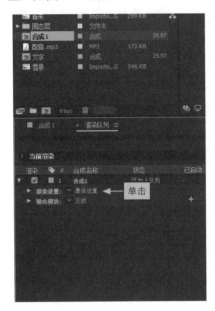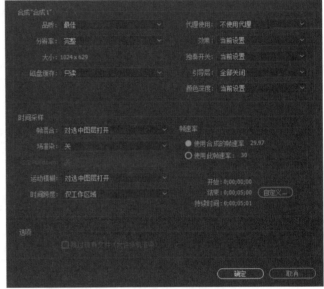

图12-14

步骤04 设置合成的保存位置及保存名称，单击"渲染"按钮，即可完成整个操作，如图12-15所示。

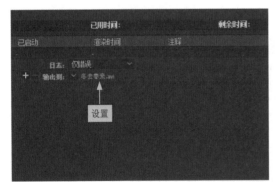

图12-15

LESSON 12.2 制作下雨天的古亭效果

案例描述

有时拍摄的视频是晴朗天气，但是需要下雨场景的气氛，也不可能等着下雨再拍，这时可通过 AE 来制作下雨的效果。本例将综合利用图层应用、色彩校正、模拟、表达式等来实现下雨天效果的制作。

案例难度 ★★

制作时长 60 分钟

制作思路

① 导入素材制作背景。
② 雨和闪电的制作。
③ 合成古亭下雨效果。

案例效果 > > >

▲初始效果

▼最终效果

	视频|下雨.mp3、下雨打雷.mp3
源文件/第12章	图片|古亭.jpg
	最终文件|古亭.avi

12.2.1 导入素材制作背景

在本例的制作过程中，先创建一个空白的项目文件，将素材中的"古亭"图片导入合成中。调整古亭的效果，通过色彩校正调节中的"色相/饱和度"以及"曲线"命令调节明暗关系，具体操作步骤如下。

步骤01 打开AE，在项目窗口右击，在弹出的快捷菜单中选择"导入"→"文件"命令，在打开的对话框中选择"古亭"素材文件，并将其导入项目文件中。将"古亭"拖曳到"合成"窗口中，默认生成"古亭"合成，将项目文件保存为"下雨天的古亭"，如图12-16所示。

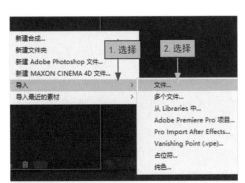

图12-16

步骤02 选中"古亭.jpg"素材文件，单击"效果"菜单项，选择"颜色校正"→"曲线"命令，拖动曲线调整整个图像的明暗关系，如图12-17所示。

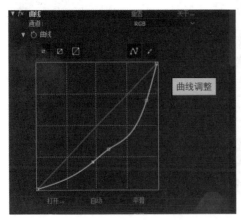

图12-17

步骤03 查看其效果不是特别好，需要进一步调整。选中素材文件"古亭.jpg"，单击"效果"菜单项，在弹出的下拉菜单中选择"颜色校正"→"色相/饱和度"命令，调整整个图像的色度和饱和度。设置"主饱和度"为-22，"主亮度"为-15，如图12-18所示。

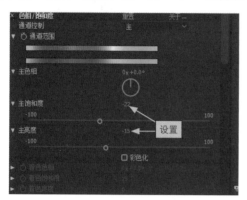

图12-18

12.2.2 雨和闪电效果的制作

雨天一般都会伴随着闪电一起出现，下面就来制作"雨和闪电"的效果，具体操作步骤如下。

步骤01 选中"古亭.jpg"素材文件，单击"效果"菜单项，在弹出的下拉菜单中选择"模拟"→"CC Rainfall"命令，给图层添加CC下雨特效，设置Size（大小）为8，"Wind"为3，如图12-19所示。

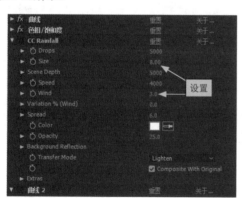

图12-19

步骤02 可以看到整个画面亮了一些，但没有下雨天那种阴沉沉的感觉，需要继续调整。单击"效果"菜单项，在弹出的下拉菜单中选择"颜色校正"→"曲线"命令，拖动曲线再次调整整个图像的明暗关系，如图12-20所示。

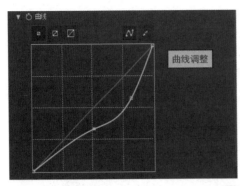

图12-20

步骤03 新建固态层，命名为"闪电"，选中"闪电"层，单击"效果"菜单项，在弹出的下拉菜单中选择"生成"→"高级闪电"命令，设置"闪电类型"为方向，"核心半径"为2，"发光颜色"为蓝紫色，如图12-21所示。

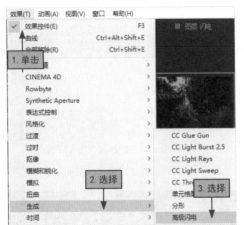
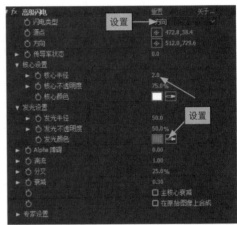

图12-21

步骤04 选中"闪电"层，按Ctrl+D组合键复制两个闪电层，命名为"闪电02""闪电03"，设置"模式"为叠加，调整3个闪电层在时间轴上的位置，如图12-22所示。

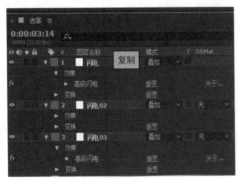

图12-22

步骤05 新建固态层，命名为"闪烁"，打开"变换"面板。按住Alt键并右击"不透明度"前的码表，在时间轴下输入表达式："random(50)"，产生闪烁的效果，将图层的"模式"设置为叠加，如图12-23所示。

图12-23

12.2.3 合成古亭下雨效果

通过前面的制作已经完成了古亭下雨的效果制作，下面对其进行合成输出，主要是加入音频文件，设置其格式，并渲染输出，具体操作步骤如下。

步骤01 导入音频文件"下雨mp3"和"下雨打雷.mp3"，根据波形调整时间，与闪电相对应。0～1秒使用"下雨打雷"音频，1秒以后使用"下雨"音频，如图12-24所示。

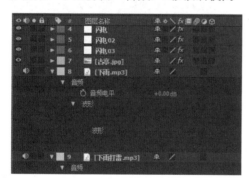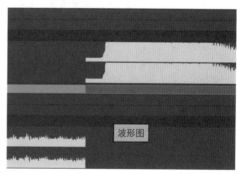

图12-24

步骤02 选中"闪烁"图层，按Ctrl+D组合键复制两个"闪烁"图层，分别命名为"闪烁02"和"闪烁03"。根据音频和闪电调整闪烁的长短，如图12-25所示。

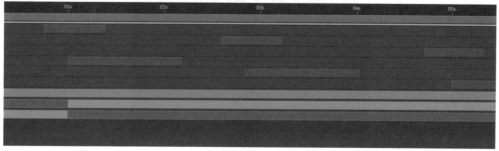

图12-25

步骤03 在"合成"窗口中选中"古亭"合成，单击"合成"菜单项，在弹出的下拉菜单中选择"添加到渲染队列"命令，打开"渲染队列"窗口，单击"最佳设置"值，在打开的"渲染设置"对话框中选择默认设置。单击"输出模块"值，在打开的"输出模块设置"对话框中设置格式为AVI，打开音频输出，如图12-26所示。

图12-26

步骤04 在打开的"渲染队列"窗口中单击"输出到"选项，设置保存的位置，在渲染窗口单击"渲染"按钮，如图12-27所示。

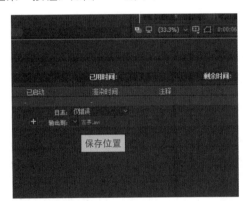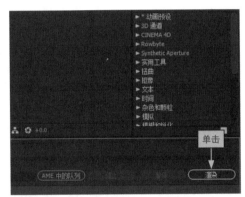

图12-27

步骤05 预览效果合适，开始渲染，渲染结束查看效果，如图12-28所示。

图12-28

LESSON 12.3 制作城市烟花绽放效果

案例描述

夜晚城市烟花绽放的画面非常好看，在实际应用中也经常会使用烟花效果。本例将综合利用粒子插件、色彩校正、生成滤镜等来实现烟花绽放效果的制作。

案例难度 ★★★

制作时长 80 分钟

制作思路

① 利用粒子发射器制作爆炸效果。
② 制作烟花轨迹。
③ 合成烟花绽放效果。

案例效果 > > >

▼最终效果

▲初始效果

	视频|烟花.mp3
源文件/第12章	初始文件|城市烟花.aep
	最终文件|城市夜晚.avi

12.3.1 利用粒子发射器制作爆炸效果

在本例的制作过程中，先创建一个空白的"城市烟花"项目文件，将素材中的"城市夜晚"图片导入合成中，然后在新建粒子发射器中进行设置，从而完成爆炸效果的制作，具体操作步骤如下。

步骤01 打开"城市烟花.aep"项目文件，合成中有一个"城市夜晚.jpg"文件，且已被拖曳到"合成"窗口，如图12-29（a）所示。

步骤02 新建固态层，命名为"爆炸粒子"，单击"效果"菜单项，在弹出的下拉菜单中选择Trapcode→Particular命令，添加粒子特效，如图12-29（b）所示。

（a）	（b）

图12-29

步骤03 打开"发射器"面板，将时间指示器移到第1秒，设置单位时间发射的"粒子/秒"为100，并记录关键帧；将时间指示器移到第1秒04帧，设置单位时间发射的"粒子/秒"为99，并记录关键帧；将时间指示器移到第1秒10帧，设置单位时间发射的"粒子/秒"为100，并记录关键帧，设置"速率"为700，如图12-30所示。

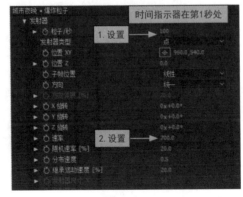

图12-30

步骤04 打开"粒子"面板，设置"生命（秒）"为1.8，"大小"为6。打开"生命期不透明"面板，选择第6种贴图，让粒子随着生命时间逐渐消失，并在生命时间后期产生多次透明度闪烁，如图12-31所示。

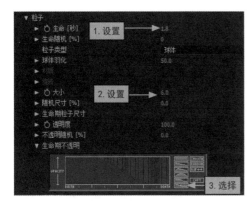 

图12-31

步骤05 打开"物理学"面板，设置"重力"为30，"物理学时间系数"为1.5；打开Air面板，设置"空气阻力"为1.7。打开"辅助系统"面板，将"发射"选项由默认的关闭改为继续，如图12-32所示。

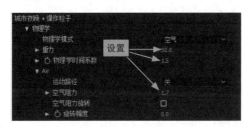 

图12-32

步骤06 设置单位时间发射的"粒子/秒"为150（拖尾效果看上去由稀少变得密集了），"生命（每秒）"为1（拖尾效果的长度变长了），"速率"为5。打开"生命期颜色"面板，选择第3种贴图，并设置拖尾中的粒子出生时颜色为淡蓝色，生命第二阶段为蓝色，消亡时为深蓝色，如图12-33所示。

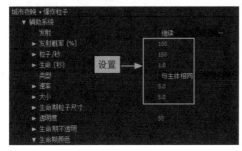 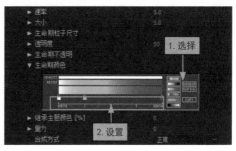

图12-33

步骤07 打开"生命期不透明"面板，选择第1种贴图（默认贴图），随后通过手动绘制，让拖尾中的粒子在生命周期快结束时开始变小。在"物理学"选项下设置"重力"为10，如图12-34所示。

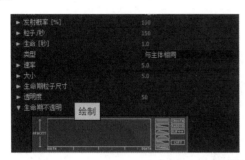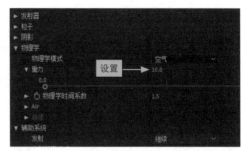

图12-34

步骤08 打开"渲染"面板，再展开其中的"运动模糊"面板，设置"运动模糊"为开，"快门角度"为600，烟花拖尾产生了运动模糊效果。选择"爆炸粒子"图层，单击"效果"菜单项，选择"风格化/发光"命令，设置"发光阈值"为80%，"发光半径"为25，如图12-35所示。

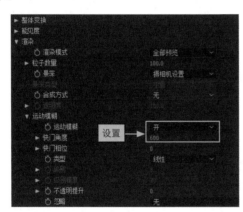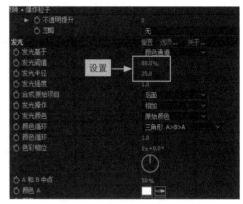

图12-35

12.3.2　制作烟花轨迹

烟花爆炸时一般都有徐徐上升的轨迹，这里通过粒子插件进行创建，通过颜色校正、滤镜等调节其效果，完成烟花轨迹的设置，其具体操作步骤如下。

步骤01 新建固态层，命名为"轨迹"，选择"轨迹"图层，单击"效果"菜单项，在弹出的下拉菜单中选择Trapcode→Particular命令。在"效果控件"面板中展开"发射器"面板，设置单位时间发射的"粒子/秒"为400；将时间指示器移到第0秒，设置"位置XY"为（800，476），并记录关键帧动画；将时间指示器移动到第1秒，设置"位置XY"为（800，448），并记录关键帧动画，如图12-36所示。

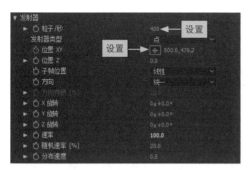

图12-36

步骤02 继续设置"速率"为10，"随机速率[%]"为100，"分布速度"为0.5，"继承运动速度[%]"为10，如图12-37所示。

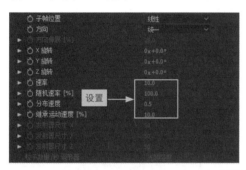

图12-37

步骤03 展开"粒子"面板，设置"生命[秒]"为1.8，"大小"为3，"设置颜色"为"生命期"，这样粒子就变成了渐变色彩，如图12-38所示。

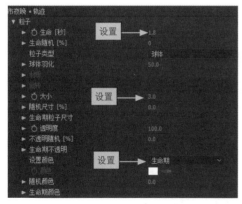

图12-38

步骤04 对渐变色进行设置。打开"生命期颜色"面板，选择第3种贴图，并设置拖尾中粒子出生时颜色为淡蓝色，生命第二阶段为蓝色，消亡时为深蓝色，这样轨迹粒子首末端就会产生颜色的过渡变化。打开"生命期不透明"面板，选择第6种贴图，如图12-39所示。

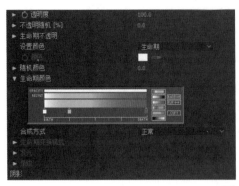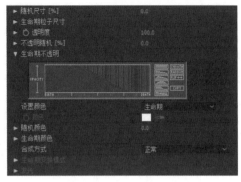

图12-39

步骤05 打开"物理学/Air/扰乱场"面板,设置"影响位置"为20,让粒子上升轨迹产生轻微的紊乱变化。打开"渲染"面板,再展开其中的"运动模糊"面板,设置"运动模糊"为开,"快门角度"为1500,轨迹粒子产生了运动模糊效果,如图12-40所示。

图12-40

步骤06 选中"轨迹"图层,在"特效控制"窗口中打开"发射器"面板,将时间指示器移到第20帧处,设置单位时间发射的"粒子/秒"为400,记录关键帧动画;将时间指示器移到第1秒处,设置单位时间发射的"粒子/秒"为0,记录关键帧动画,让轨迹粒子的发射器不再发射新的粒子。单击"效果"菜单项,在弹出的下拉菜单中选择"风格化"→"发光"命令,在打开的"发光"面板中设置"发光阈值"为80%,"发光半径"为25,如图12-41所示。

图12-41

步骤07 将"爆炸粒子"图层拖曳至"轨迹"图层的上方,并将其入点移动至时间线的第1秒处。选中"爆炸粒子"和"轨迹"图层,按Ctrl+D组合键复制图层,将复制的图层入点时间

整体往后拖曳15帧，形成时间错位，并重命名为"紫色爆炸粒子"和"紫色轨迹，如图12-42
所示。

图12-42

步骤08 选中"紫色爆炸粒子"图层，在粒子特效控制面板中打开"发射器"面板，设置"位
置Z"为1500，"位置XY"为（1413,411）。单击"效果"菜单项，在弹出的下拉菜单中选择
"颜色校正"→"色相/饱和度"命令，调整主色相中的"通道范围"数值为80°，将爆炸烟花
的颜色修改为紫色，如图12-43所示。

图12-43

步骤09 将调整好的色相/饱和度效果复制到"紫色轨迹"图层上。选中"紫色轨迹"图层，
按快捷键U键，展开此图层具有关键帧动画的所有属性，拖动"紫色轨迹"，使之与"紫色
爆炸粒子"相匹配。复制"紫色爆炸粒子"，命名为"爆炸粒子01"，设置"位置XY"为
（960,540），设置"位置Z"为1480，如图12-44所示。

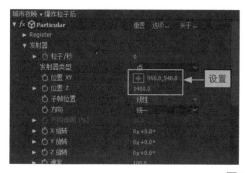

图12-44

12.3.3 合成烟花绽放效果

完成烟花效果和轨迹效果的制作后，下面开始合成。导入音频文件，并将合成添加到渲染队列，进行输出，具体操作步骤如下。

步骤01 复制"爆炸粒子"，命名为"爆炸粒子02"，设置"位置XY"为（1048,321），"位置Z"为80，拖动"紫色轨迹"图层与"爆炸粒子02"位置相匹配，如图12-45所示。

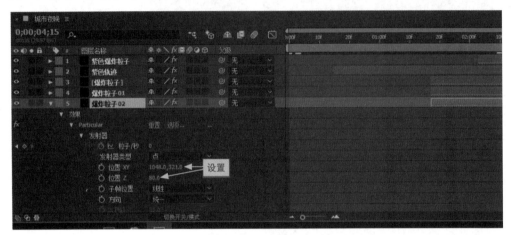

图12-45

步骤02 导入音频文件"烟花.mp3"，单击"合成"菜单项，在弹出的下拉菜单中选择"添加到渲染队列"命令，渲染设置和输出模块为默认设置，打开音频输出，保存文件，如图12-46所示。

图12-46